PLANET DINOSAUR

THE NEXT GENERATION OF GIANT KILLERS

恐龙星球

揭秘史前巨型杀手（修订版）

[英]卡万·斯科特（Cavan Scott）著

石纬穹 译

人民邮电出版社

北京

目录

引　言

人类正处于发现和认识恐龙的黄金年代。随着每年新种类恐龙化石的发现，人类对这些传奇怪兽繁荣衰亡历史的认识也正发生着质的飞跃。

恐龙诞生于距今2.3亿~2.4亿年的三叠纪时期。但是直到那之后4000万年的早侏罗世，恐龙才取代了其他爬行动物，成为地球的统治者。从此，它们在地球上繁衍生息，在大自然中历练，探索生存方式和杀戮技巧。恐龙在6500万年前的一场毁灭性大灾难中灭绝，而它们的直系亲属——鸟类，却奇迹般地生存了下来并繁衍至今。

1999年，纪录片《与恐龙同行》（*Walking with Dinosaurs*）在BBC首次播出，采用计算机图像合成技术（CGI）和动画将这些史前巨兽栩栩如生地展现在屏幕上，从此彻底改变了人们对恐龙的看法。这一自然历史纪录片带领观众探索了几千万年前恐龙的日常生活。12年后，纪录片《恐龙星球》（*Planet Dinosaur*）再续历史。此时的CGI技术已今非昔比，人们对生活在三叠纪、侏罗纪和白垩纪等时期的生物的认识也有了长足的发展。

纪录片《恐龙星球》和本书将一同认真考察过去30年来恐龙学界最令人震惊的发现。从中国繁茂的森林到非洲炽热的沙漠，从南美尘土飞扬的平原到北极寒冷的冰原，我们将直面这些杀戮机器、巨型怪物以及那些奇特甚至诡异的野兽。我们还会遇到恐怖的海洋巨兽、狡猾的“杀手”，甚至目睹血腥的同类相残。最后，我们将重温历史，再次体验那场将不可一世的恐龙帝国从地球上彻底铲除的巨大灾难。

当然，如今还有很多关于恐龙的秘密埋藏于地下，还有更多未知的事物等待人类发掘。尽管尚有无数谜团困扰着我们，但古生物学也正因此而令人着迷。每一个新发现都预示着新的可能，引导人们从全新的角度思考有关这些壮观生物的生死谜团。我们会看到，有些思考采用了严谨的外推法和横向思维：科学家总是致力于弄清楚世界曾经的样子，但这一谜团中有很多部分已经无法证实了。专家们只能通过目前掌握的恐龙遗骸以及对现今生物的研究来做出大胆而严谨的猜测。虽然古生物学家们在对证据的理解上难以达成共识，但是他们对史前生物的热爱却不分轩轾。

毫无争议的是，即使危险十足，恐龙星球也绝对是一个充满魅力的居住之地。

恐龙星球的地貌变化

中三叠世和晚三叠世

2.4亿年前，当恐龙刚刚出现在地球上的时候，我们的世界呈现出与今天截然不同的外貌。干燥的大陆聚集在一起，形成一片被称为泛大陆的巨大陆地。

晚侏罗世

时间推后8000万年，这片泛大陆分裂成两块巨型大陆。北边的大陆叫作劳亚大陆（Laurasia），南边的则被称为冈瓦纳大陆（Gondwana）。

晚白垩世

到了晚白垩世，地球的面貌和我们现今的世界已经比较相似了。劳亚大陆和冈瓦纳大陆都分裂成更小的板块，南美大陆和北美大陆被海洋隔断。9400万年前的欧洲大陆还是一片温暖的群岛，浅海覆盖着低海拔地区。

晚侏罗世的世界

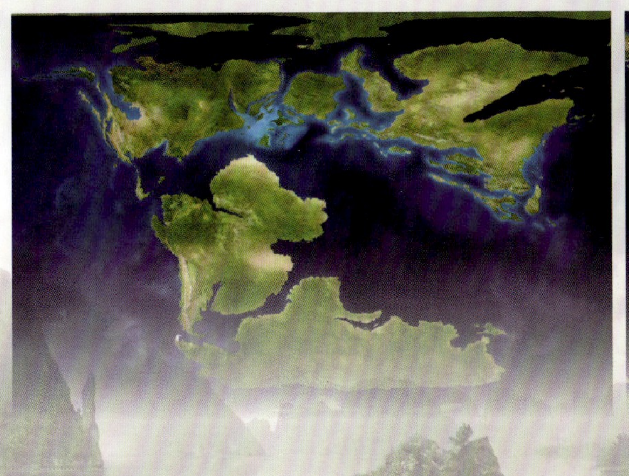

晚白垩世的世界

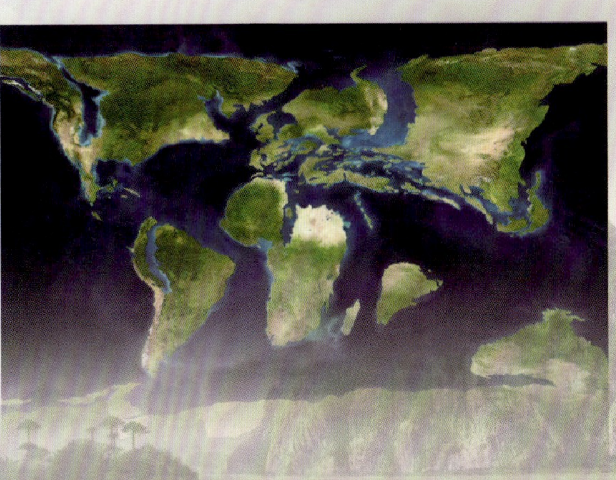

术语解释

以下是对本书中的一些主要生物类型的解释。

蜥臀目（Saurischians）【Sore–IS–kee–anz】

两大主要恐龙种群之一。它们的盆骨构造与蜥蜴十分相近，因此得名，含意是“蜥蜴的臀部”。蜥臀目恐龙有着与体型相称的长的颈部、巨大的趾以及其他一些独特的构造。大多数蜥臀目恐龙的骨头是中空的。

鸟臀目（Ornithischians）【Or–ni–THIS–kee–anz】

这是与蜥臀目并列的另一大类恐龙。它们的盆骨构造与现代鸟类相近，因此取名为“鸟的臀部”。但奇怪的是，鸟类的祖先并非来自于鸟臀目，而属于蜥臀目。

窃蛋龙类（Oviraptorosaurs）【OH–vi–RAP–tor–oh–sorz】

这是一种长相与鸟相近、有喙的兽脚亚目恐龙，部分窃蛋龙拥有五颜六色的羽毛。高等窃蛋龙的下颌没有牙齿，但是上颌却具有两根牙状的嘴刺。

古生物学家（Palaeontologists）【Pal–e–on–TOL–o–gists】

聪慧的人类学者，主要研究古代生物和植物的化石残骸。他们经常在野外恶劣的条件下挖掘化石，也会在博物馆或大学中潜心研究。古生物学家的意见经常与同行相左。

翼龙（Pterosaurs）【TER–o–sores】

它们是迄今为止发现的最早进化出真正有力翅膀的脊椎动物，长长的前肢和趾骨支撑着膜状翅膀。翼龙经常被错认为恐龙，虽然所谓的“有翼蜥蜴”是恐龙的近亲，但这种想法是错误的。

蜥脚类恐龙（Sauropods）【Sore–o–podz】

这是一种颈部极其细长、拥有四足且为植食性的蜥臀目恐龙，其中包括部分有史以来体型最大的动物。它们名字的意思是“蜥蜴的脚”。

兽脚亚目（Theropods）【Sore-o-podz】

这个名字的意思是“野兽的脚”。这些两足蜥臀类恐龙大部分都以捕食其他动物为生，当然也有一些是杂食动物或植食性动物。这群恐龙进化出叉骨和羽毛。在侏罗纪时期，有一群类似鸟类的兽脚类恐龙出现了，最终只有这群恐龙成功地度过了白垩纪并一直繁衍至今。

霸王龙科（Tyrannosaurids）【Ti-RAN-o-SORE-idz】

名叫“暴君蜥蜴”的霸王龙科恐龙是那个时代的终极杀手。这是一种长着巨型头颅的兽脚类恐龙，前肢很小，后肢有力，巨大强壮的下颌上整齐地排列着钉子状厚重的牙齿。霸王龙科属于霸王龙类，早期的霸王龙都是些小型有羽毛的肉食性动物。

恐龙时代表（详见本书第230~232页“本书中出现的恐龙”一节）

距今2.27亿年	晚三叠世
距今2.05亿年	早侏罗世
距今1.8亿年	中侏罗世
距今1.59亿年	晚侏罗世
距今1.44亿年	早白垩世
距今9900万年	晚白垩世

第1章

新生

那些有史以来体型最大的恐龙最近几年才被挖掘出来，可以被看作恐龙星球的一张名片了。它们为何长得如此巨大？其中的原因是什么？在这个星球上，难道还有什么动物能够攻击它们吗？

巨龙

巨大的发现

蛋壳表面开始出现裂纹。蛋微微颤抖着，蛋内的小生物敲打着易碎的蛋壳，挣扎着要破壳而出。裂纹越来越大，最终蛋的顶部完全被打破。恐龙宝宝打破了曾维持它生命的黏液囊，伸长了细细的颈部。

阿根廷龙（*Argentinosaurus*）的幼仔

这只新孵化出来的小恐龙扬起头，感受着白垩纪温暖的阳光照在它的鳞片上。它第一次尝试着睁开双眼张望外面的世界，面对着突如其来的强烈光线，小家伙只能眯着眼。它挣扎着，想看清这片笼罩在昏暗天空下荒无人烟的大地。随着羽翼的呼扇声，死亡从空中悄然降临。小恐龙抬起头，直视着这只落在旁边的朝阳翼龙的眼睛。这只朝阳翼龙显然是被这片土地上星罗棋布的巢穴吸引了。它的翼展长达1米，无论在空中还是地面，它都可谓是致命杀手。

当朝阳翼龙的喙伸入巢穴，新生幼仔惊慌地嚎叫起来。前几次它躲开了翼龙的攻击，但是好运不长，朝阳翼龙最终将新生幼仔叼在嘴里。但是无助的新生幼仔体表还裹有一层恐龙蛋里的黏液，身上很滑，致使它从朝阳翼龙口中滑落，掉回巢穴里。朝阳翼龙只得再次把喙伸进巢穴。突然它停住了。沉重的脚步声从远处传来，大地开始随着颤动，一定是某个大家伙要来了。朝阳翼龙扭过脑袋，看到了一只庞大的阿根廷龙向着巢穴地奔跑而来，它急忙飞到空中。虽然它乐于寻找无助的幼仔为食，但要是因此惹到幼仔愤怒的巨型父母就绝非明智之举了……

朝阳翼龙（*Chaoyangopterid*）

行走在恐龙蛋上

1997年，由来自美国纽约国家自然博物馆和阿根廷卡门·菲耐斯市立博物馆的古生物学家们组成的联合科考队，顶着烈日在南美巴塔哥尼亚的荒野中搜寻化石。起初，科学家们并未抱有特别的希望。他们步入一片平坦的泥岩地面，搜索着化石存在的迹象。5分钟后，科考队意识到他们可能站在某些不可思议的发现之上。

在奥卡·玛胡夫挖掘恐龙巢穴。

科考队发现了迄今为止最大的恐龙巢聚集地。这些恐龙巢的年代可以追溯到晚白垩世，也就是距今9000万~7000万年。这片巢穴占地2.6平方千米，恐龙蛋分布十分密集，几乎让科研人员无处下脚。科学家们在惊叹之余，将这片地区重新命名为奥卡·玛胡夫（Auca Mahuevo），而其中“huevo”在西班牙语中是“蛋”的意思。

上万个恐龙蛋遍布于奥卡·玛胡夫地区，但其中有很多都没有孵化。惊人的是，有的蛋中甚至保存了数千万年前死去的蜥脚类恐龙的胚胎残骸。有的胚胎保存得十分完好，已经石化的皮肤甚至还连在骨头上，下颌、钉状的牙齿以及细小的鼻孔都清晰可见。这些体态特征表明它们是属于蜥脚亚目的泰坦巨龙。

胚胎化石

未生先死

为什么这么多的恐龙蛋都没有被孵化出来呢？在白垩纪时期，这片荒地上河流交错，经常发洪水，与我们现在所看到的非常不同。因此科学家们猜测，这些未孵化的蛋很有可能是一次洪水袭击的受难者。洪水退去后，这些蛋便被埋藏在淤泥之下，免于自然环境的损害和食腐动物的侵扰。数百万年来，同样的事情反复发生，也就是说，地层下仍有更多的恐龙蛋等待我们去发现。

世界上最古老的恐龙胚胎化石

虽然在奥卡·玛胡夫的发现已足够令人震惊，但是这里的恐龙胚胎却不是最古老的。1976年在南非发现的恐龙蛋可以追溯到早侏罗世，即1.9亿年前。蛋中保存着未孵化的巨椎龙（*Massospondylus*）的骨骼。这种史前蜥蜴类爬行动物是巨型蜥脚类恐龙的祖先。这些恐龙蛋残骸里有着迄今为止人们发现的最古老陆生脊椎动物的胚胎。

危险初体验

幼龙被一只气势汹汹冲过来的阿贝力龙（*Abelisaurid*）吓得惊声尖叫。这只大型肉食性动物仔细端详着脚下的恐龙巢穴。它的头凑近幼龙，鼻孔不停地喷着粗气。这只庞然大物貌似温柔地抓住瑟瑟发抖的幼龙的尾巴，将其拎了起来，又把它摔回地面。这只毫无抵抗能力的幼龙立刻死去了。

巢穴强盗

就算泰坦巨龙（*Titanosaur*）的蛋能够幸免遇难，恐龙幼仔也不一定能够顺利活过生命初期的1小时。科学家的研究发现，孵化场所对所有的新生幼仔而言都是十分危险的地方。

蝎猎龙（*Skorpiovenator*）是一种在孵化场所周围徘徊、依靠食用幼龙生存的食腐动物。它虽然名字叫蝎猎龙，但却并非以蝎子为食。之所以叫蝎猎龙，是因为在发掘它们的场地周围发现了大量的蝎子。蝎猎龙化石是恐龙史上的重要发现，它的骨架几乎保存完整，只有右前肢和尾巴末端部位缺失。

蝎猎龙的头骨短小、结实，被脊状突起包围着，布满了褶皱和结节。大部分兽脚亚目阿贝力龙科恐龙的头上都存在凹凸不平的瘤状物。它的前肢又粗又短，几乎毫无用处，但是后肢却非常强壮，支撑着重达2吨的巨大躯体，长条状的下颌里排列着剃刀般锋利的牙齿。

但是蝎猎龙和其他的恃强凌弱者一样，专门挑性格与自己体型相近或小得多的对手下手。它们当然不会傻到去挑战幼龙的父母——迄今为止世界上发现的最大的恐龙之一——

▶ **阿根廷龙（*Argentinosaurus*）**。

蝎猎龙赫然耸
立在阿根廷龙
的巢穴旁。

与巨兽同行
南美洲

阿根廷龙

（*Argentinosaurus huinculensis*）

学名解析
乌因库尔阿根廷蜥蜴

食性
植食性

栖息地
阿根廷

生活时期
晚白垩世

生物分类
蜥臀目，蜥脚形亚目，蜥脚下目，泰坦巨龙类

体重
82.6吨

长度
33~35米

躯干

阿根廷龙属于蜥脚类恐龙下属的泰坦巨龙类（名称来源于古希腊神话中的泰坦巨人族）。泰坦巨龙类下属还有很多其他种类的巨型恐龙。阿根廷龙的后背脊柱如同一座连结在一起的骨桥，支撑着其十分沉重的身体。到今天为止，只有5%的阿根廷龙骨架被人们挖掘了出来，但是至少一部分骨头是中空的。这种结构是否可以帮助阿根廷龙减轻因体型硕大而产生的体重呢?

尾巴

尾巴十分灵活，惊人地强壮。当阿根廷龙仅依靠后腿站立时，尾巴几乎可以被用作它的第三条支撑腿。

四肢

四肢结实强壮，说明阿根廷龙能够应对崎岖的地形。

发音

ar-jen-TEE-no-SORE-uss hu-win-cul-EN-sis

头部和颈部

像所有的蜥脚类恐龙一样，泰坦巨龙的头部相对于其巨大的身躯而言小得不成比例。但现在面临的问题是，各种泰坦巨龙的头骨形状都不统一，以至于我们还不能确定阿根廷龙的头骨构造。我们只知道它有着巨大的骨质鼻孔，其在头部的位置可能比肉质鼻孔高。它的牙齿细长如铅笔，上面长有连结在一起的尖刺，可以有效地撕裂植物。颈部长得惊人，说明这只巨型蜥脚类恐龙可以站在原地吃到尽可能多的植物，通过减少运动来降低能量损耗，这招很管用。

发现

1988年，阿根廷牧羊人加里尔莫·赫莱迪亚（Guillermo Heredia）在他位于巴塔哥尼亚的农场里发现了一件化石。当时他以为这是一块石化了的树根。然而，经过进一步的观察后，赫莱迪亚先生认识到他也许发现了更令人兴奋的东西。没错，当他将此事上报之后，来自卡门·菲耐斯市立博物馆的古生物学家们确认，这件长达1.5米的化石是一只巨型恐龙的胫骨。

紧随其后的是对这片地区的大规模挖掘。两年之后，更多有关此种恐龙的证据被发掘出来。恐龙搜寻者罗多佛·科里亚（Rodolfo Coria）领导的科考队发现了一块岩石。他们相信这块岩石里面埋藏着一种巨型恐龙的化石，于是花费了数日对其进行发掘。这块铁锈色的岩石十分巨大，5个人一起用力才勉强把它搬运到地面，然后用吊车将其吊上卡车运走。令人吃惊的是，这块巨石里面仅有一件化石——一块脊柱，比人类的平均身高略高。考古学家对赫莱迪亚的农场进行进一步发掘之后，才发现了这只恐龙的其他残骸。发掘出来的化石并不是很多，只有一些椎骨、荐椎——脊柱上与盆骨相连接的骨头，以及一些破碎的肋骨和胫骨。但是这些足以证实一种全新植食性巨型恐龙的存在。它不仅仅是迄今为止人们发现的最大的恐龙，也是有史以来人们发现的最大的陆生动物。

食草机器

当阿根廷龙的幼仔被孵化出来之后，它们就得学会独立生存——它们的父母体型过于庞大，难以提供有效的保护。在奥卡·玛胡夫挖掘现场发现的恐龙蛋表明，泰坦巨龙胚胎已经生长出了微型的牙齿，足以用来撕咬叶子。

动物体型越大，生长得就越快。阿根廷龙出生时长30～50厘米，重约5千克。它看似虚弱，却以惊人的速度生长。成年时，也就是长到25岁的时候，它已重约82吨。在不同年龄阶段，阿根廷龙生长的速度并不相同。幼年和少年时期，它的体重几乎是以冲刺的速度在增长，每天增重多达40千克。

移动的盛宴

为了拥有足够的体重，维持成年后日常的能量消耗，泰坦巨龙每天必须摄入多达100千克的植物。但是如此巨大的胃口引发了一些问题，对于蜥脚类恐龙这种群居动物而言，情况更是如此。不久后它们就会独自到栖息地外觅食，吃掉土地上的每一片绿叶。也许它们只得常年处于迁徙之中，走到哪儿吃到哪儿。

有1.63亿年历史的蜥脚类恐龙脚印发现现场，英国牛津郡，阿德利。

恐龙遗址

2002年，一连串蜥脚类恐龙足迹化石在英国牛津郡的阿德利采石场被发现。这片遗址可追溯到中侏罗世。距今大约1.63亿年，大概有40多只恐龙在一起行走。最近的一片绿地远在20千米之外，因此科学家们推测这些巨兽正从原栖息地迁往另一片栖息地。一些专家估计，这群恐龙为了寻找食物，有时可能会跋涉数百千米，移动的速度大概与今天的大象相仿。

关于蜥脚类恐龙的6点小知识

1. 蜥脚类恐龙是最早出现在晚三叠世的一种四足大型恐龙，距今约2.2亿年。它们的头部很小，但却长着极其细长的颈部。最有名的蜥脚类恐龙包括梁龙（*Diplodocus*）和腕龙（*Brachiosaurus*）。
2. 事实上，蜥脚类恐龙的种类比我们想象的要多得多。自2002年以来，人们发现的蜥脚类恐龙种类增加了50%。
3. 对化石研究表明，蜥脚类恐龙是一种叫作原蜥脚龙的两足恐龙的后代。一种巨型原蜥脚龙经过进化后，体型变得巨大，并不时使用前肢辅助行走，最后慢慢进化成了四足蜥脚龙。
4. 科学家们一致认为蜥脚类恐龙是在晚侏罗世灭绝的。但现在，人们的这种观念发生了改变，他们认为其中某几种蜥脚类恐龙在侏罗纪、白垩纪时期幸存下来，有的甚至一直存活到晚白垩世。
5. 第一件蜥脚类恐龙化石是1941年在英国牛津郡的奇平诺顿被发现的。维多利亚时代的解剖学家理查德·欧文（Richard Oven）将它们命名为鲸龙，也就是“鲸鱼蜥蜴”的意思，因为他误将这种恐龙当作鳄鱼一样的水生动物。在20世纪的绝大多数时间里，科学家认为蜥脚类恐龙是两栖动物，生活在小溪、河流中。现在，我们知道蜥脚类恐龙是一种陆生动物，生活在森林、平原或其他陆上栖息地中。
6. 蜥脚类恐龙一直在地球上繁衍生息，直到6500万年前，那场末日劫难才将它们从地球上完全抹掉。

为什么蜥脚类恐龙长得如此巨大？

一些进化学的理论解释了为什么蜥脚类恐龙能长得如此巨大，可是这些解释中哪些才是最重要的，古生物学家们对此各执一词。

囫囵吞咽

蜥脚类恐龙并不咀嚼食物。它们将大把植物从枝头扯下并整个咽下，然后把最艰苦的工作交给消化系统。这种觅食习性决定了它们不需要强壮的咀嚼肌，所以它们的头部、口部与其整个身体相比就会显得小而轻。与拥有强壮、沉重的头骨的恐龙相比，蜥脚类恐龙的颈部能够长得更长。

食物获取

蜥脚类恐龙长长的颈部给它们带来了很多便利，因为它们可以吃到高处的植物，从而避免和长得比较矮小的植食性恐龙争夺食物。有些恐龙，比如梁龙，甚至可以依靠后腿站立去够到更高的植物。

环境改变

虽然三叠纪干燥炎热，但到了侏罗纪，气候变得凉快起来，促使生物大量生长。茂密的森林如雨后春笋般拔地而起，比下层林木高出一截，带来了大量的食物资源，足以让蜥脚类恐龙尽情取用。

自由迁徙

在晚三叠世和侏罗纪时期，蜥脚类恐龙正处于早期最重要的进化阶段。那时候，地球上仅有两块分裂的超级大陆——北边的劳亚大陆和南边的冈瓦纳大陆。这些巨大的连续大陆使得蜥脚类恐龙可以不受地理限制，自由迁徙，随意觅食。

缓慢新陈代谢?

一些科学家猜测，蜥脚类恐龙的新陈代谢周期远低于后来的哺乳动物。这也许意味着，蜥脚类恐龙的能量损耗相对较低，它们可能更善于从食物中摄取能量。

身体温度

体型越大，提高或降低身体温度所花费的时间就越长。蜥脚类恐龙的身体十分巨大，可以自然减缓热量流失速度，维持身体温度。蜥脚类恐龙本可以长得更大，更好地利用这项能力，这样，它们就不需要靠持续进食来保证身体的温度了。

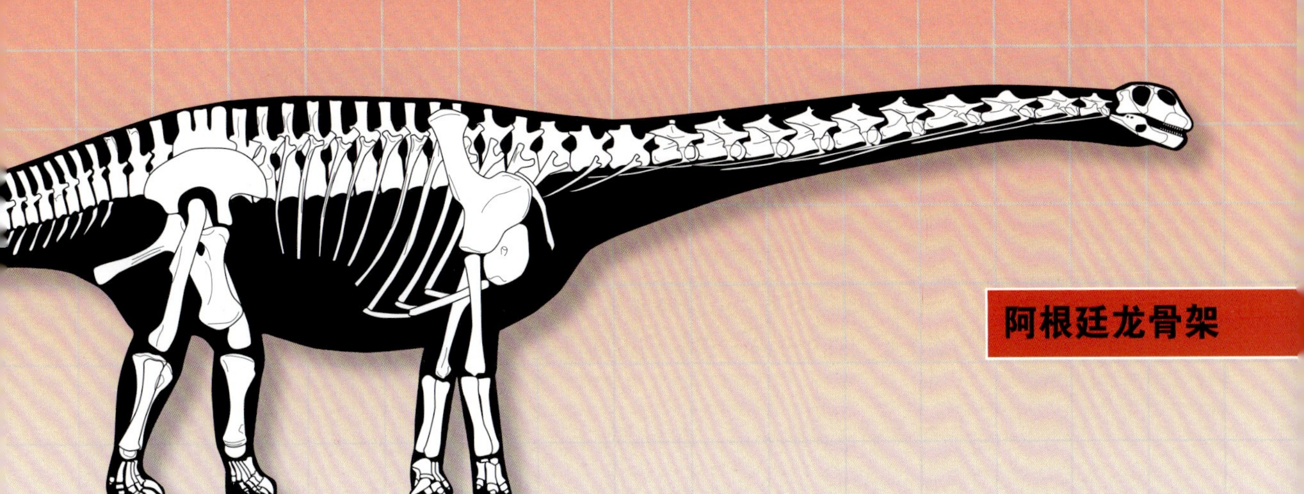

快速新陈代谢?

在恐龙研究中充满了矛盾和讨论。有的科学家认为蜥脚类恐龙的新陈代谢很快，这样它们就能比其他的生物繁衍得更快，长得更快，吃得更快，消化得更快。这些优势也许与蜥脚类恐龙巨大的身型有关。

难以侵犯

蜥脚类恐龙长得越大，就越不可能受到侵犯，即使是最凶猛的捕食者也会对这些庞然大物望而却步。但是，如果它们受到围攻，情况会怎样呢?

高昂的头颅?

蜥脚类恐龙是如何把头举得高高的呢? 博物馆或者电影习惯上都喜欢把这些巨型恐龙描绘成将头水平前伸的状态。但是，2009年，英国朴茨茅斯大学的麦克·泰勒博士（Dr. Mike Tylor）、达伦·纳什（Darren Naish）以及来自美国加利福尼亚州健康科学西部大学的马修·威戴尔（Matthew Wedel）共同宣称，这是错误的。

泰勒以及他的同事在现生生物（如兔子、乌龟以及鳄鱼）身上做实验，发现它们的颈部事实上是一种向上的S形曲线。因为没有理由可以证明蜥脚类恐龙是一个例外，所以泰勒和他的同事们认为，蜥脚类恐龙和其他动物一样是向上高举着颈部的，与天鹅有些相似。

其他的科学家却不以为然。澳大利亚科学家罗杰·萨穆尔博士（Dr. Roger Seymour）认为，如果是这样，蜥脚类恐龙必须要有极其高的血压才能把血液输送至高处的大脑。

恐龙死亡坑

对于那些体型稍小的恐龙来说，与这些庞然大物生活在一起是一件危险的事。2010年一项惊奇的发现告诉人们，在中生代，追随别人的足迹不永远是正确的。

10年之前，来自加拿大阿尔伯塔省皇家蒂勒尔古生物博物馆的大卫·A.艾伯斯（David A.Eberth）、中国科学院古脊椎动物与古人类研究所的徐星以及美国乔治华盛顿大学的詹姆斯·克拉克（James Clarke）3人来到中国西北部的新疆地区，在上侏罗统岩层中搜索化石的痕迹。他们在这套沉积岩层中发现了3个大型坑的遗址。

这3个坑深1～2米不等，里面隐藏着令人不解的谜团。第一个坑里塞满了小型兽脚类恐龙，另外一个坑里有9只小型植食性恐龙、4只哺乳动物、2条鳄目动物和1只乌龟。

情况不止如此。这些动物的残骸是一层层堆叠起来的，好像是谁把它们的尸体叠放起来，形成了这个恐怖的墓穴。

崎岖地表

这3个坑里的化石骨架被整块挖掘出来，用石膏固定好，然后用木箱打包运往北京的古脊椎动物与古人类研究所。在那里，科学家们对这些标本进行了分析。他们发现岩石本身的构造就很奇特，似乎是火山泥岩和沙石的混合物。看上去，在这些动物死去的同时，地面似乎发生了剧烈的运动。

侏罗纪沼泽

很显然，这场屠杀并非是肉食性恐龙造成的。这些尸体身上都没有创伤的痕迹，而且骨架交叠摆放的方式表明，这些动物是一个接一个跌落此坑的。但是这解释似乎难以令人信服。

现在，这些巨坑所在地已经是戈壁沙漠的一部分，但是在晚侏罗世，这里却是一片潮湿的沼泽地。这种地方通常不会布满大洞等着恐龙往下跳。另外，即使恐龙不算是在地球上行走的最聪明的动物，它们也应该能看到前方的死亡陷阱吧。

死亡 坑道

1

一群阿根廷龙正在迁徙途中，在一片布满灰烬的沼泽上缓慢行走。体型相对渺小的棱齿龙（*Hypsilophodonts*）在巨兽的两脚间来回快速穿越着。

2

巨大的阿根廷龙步伐所到之处，制造出一个个脚印大小的巨型流沙坑。

3

两只棱齿龙对眼前的危险一无所知，跌落在黏黏的脚印坑里。随后的阿根廷龙大队鱼贯而过，棱齿龙渐渐沉入水底的坟墓。

隐藏的危险

火山泥石的出现为科学家们揭示真相提供了一条有用的线索。在侏罗纪末期，中国新疆地区是一片火山活跃的地区。火山经常爆发，将大量的岩浆和火山灰喷向空中。当它们落回地面时，火山灰冷却凝固，给沼泽覆盖了一层不十分坚固的表面。这片火山灰下是厚厚的、黏稠的沼泽泥。大多数恐龙可以安然通过这片新形成的表面，但是当一个体重巨大的家伙走过时，就是另一回事了。

冠龙

那么就是说，这些陷在大坑里的恐龙压垮了火山灰层导致其表面断裂？这个结论是令人怀疑的。在坑里发现的最大骨架属于一种叫作冠龙的恐龙。这种恐龙在2006年被发现、命名，是早期霸王龙属的一种，因此也是北美霸王龙的远亲。冠龙依靠两条强有力的后腿行走，但是给人印象最深的还是它头顶上的冠饰，这也是它名字的由来。这种冠饰对肉食性恐龙来说是非常罕见的。但是，冠龙与其著名的远亲霸王龙相比，显得非常渺小，直立高度仅有66厘米，体重也只有40千克。这样的体重不大可能压垮火山灰层。

嫌疑者

嫌疑更大的恐龙是生活在当地的巨型蜥脚类恐龙——中加马门溪龙（*Mamenchisaurus sinocanadorum*）。它长达12米的颈部可以加入历史上最长颈部之列，超过其体长的一半。中加马门溪龙的体重超过55吨，足以压垮这层薄薄的火山灰表面。

臀部

臀部的一条韧带连接着颈部和尾巴，产生的弧度使得马门溪龙看上去就像一座巨型的活动浮桥。

腿部

它的尾部、身体以及颈部的骨头都是轻巧、中空的，但腿部的骨头却结实而沉重。

暴露行踪

马门溪龙穿过新疆平原时，巨大的脚掌踩在火山灰层上。脚下的沼泽泥迅速渗透上来，填满脚印，因此肉眼难以识别，但是一脚踩上去却有致命的后果，就像是踩在了流沙上，像冠龙这样的小型兽脚类恐龙根本不可能穿过。由于无法用脚爬出去，四周也没有可以支撑身体的物体，陷入坑内的冠龙一点点被吸入坑底，然后窒息而死。在跌落坑中后，冠龙的羽毛上沾满了泥巴，这无疑是雪上加霜，冠龙的体重慢慢增加，导致其下沉得更快。四足恐龙也许有可能利用强壮的前肢支撑身体，增加逃脱的可能性。还有一种可能是，当坑里堆满了死去的动物后，后来跌落的动物有可能站在逝者的背上，然后得以逃脱。

颈部

马门溪龙的颈部中的骨头比任何恐龙的都要多，其长度超过身体的一半。

马门溪龙

巨兽之河

即使完全是巧合，但不可否认，被发现的巨型恐龙都在正确的时间出现在正确的地点。

发现巨兽

2001年，来自美国宾夕法尼亚大学的一支科考队在寻找一块最早由巴伐利亚地理学家恩斯特·斯特姆·冯·海因巴赫（Ernst Stromer von Reichenbach）在20世纪初发现的遗址。斯特姆在1915年到1936年之间记录了自己的发现，但是他发现的化石在第二次世界大战中都被损毁了，他所发现的遗址的具体方位也不得而知。

科考队知道遗址大概位于一片叫作巴哈利亚绿洲的地方。他们计算出遗址大致的地理坐标，将其输入全球定位系统（GPS）后，便朝着沙漠进发了。

但是他们犯了个错误。在兴奋之余，他们弄错了坐标，偏离了目的地达数千米之远。他们知道自己不可能到达目的地，便打破了4个小队、每队4人的队列，开始寻找便于识别的地标。他们没有找到地标，但却意外发现了一块突出地面的骨头。

一年之后，他们回到这里，花了3个星期的时间对这里进行发掘。他们一共挖出了7吨岩石。越来越多的骨头被挖掘出来，还有一些似乎是100年前遗留下来的野营残余物品，其中包括旧靴子、罐头，还有德文报纸。这些是斯特姆留下的吗?

后经研究证实，被挖掘出来的骨头来自一种霸王龙属的新恐龙。为了表达对前辈的敬意，2001年，这只恐龙以斯特姆（Stromer）的名字命名，这就是——

▶ 罗氏潮汐龙（*Paralititan stromeri*）。

1

在旱季，食物和水聚集在一条被称作巨兽之河的河岸周围。一群潮汐龙来到水边，急切地寻找水源解渴。它们谨慎地低下小小的头颅，大口喝着水。

2

但河流是一片危险的地方。鳄鱼猛地冲出浑浊的河水，差点咬住潮汐龙的颈部。随后，更多的鳄鱼冲出水面。感受到了危险的潮汐龙紧张地退到安全距离以外。可它们并不知道，在水下还有更大的威胁——

▶ **帝王鳄（*Sarcosuchus imperator*）**。

帝王鳄

（*Sarcosuchus imperator*）

学名解析
肌肉鳄鱼帝王
食性
肉食性
栖息地
北非
生活时期
早白垩世
生物分类
鳄鱼目，中真鳄类，新鳄类，大头鳄科
体重
8.8吨
长度
12米

身体

帝王鳄重约8.8吨，是现代最重的鳄鱼的10倍。它的脊柱由65块独立的脊椎骨组成。尾巴是帝王鳄身体中最灵活的部分，而背部肌肉又十分坚挺僵硬。它的身上有2排鳞甲，共计35块，每块长约30厘米，覆盖在背部。它的胃里储存了一些小石头，用来帮助绞碎被吞进去的动物。

漫长而暴力的生命

对于鳄鱼而言，鳞甲上的年轮就跟树干上的一样，每过一年就增加一轮。塞里诺带领的小组检查了一条成年帝王鳄的鳞片，发现其大小已经达到完全发育的鳞片的80%，说明这条帝王鳄已经活了50～60年，其寿命是现代鳄鱼的两倍。

发音

Sar-koh-soo-kis im-per-ay-tor

发现

1964年，法国古生物学家阿尔伯特·弗里茨·德·拉朋特（Albert–Félix de Lapparent）在尼日尔的泰内雷沙漠测绘地图时，发现了几颗圆锥形的牙齿、脊椎骨和一些30厘米长的鳞甲。这些化石只可能来源于一条人们从未见过的巨型鳄鱼。这种鳄鱼被命名为帝王鳄，意思是"肌肉鳄鱼帝王"。

在随后的数十年中，虽然有越来越多的残骸被发掘出来，但其中最令人惊叹的是芝加哥大学保罗·塞里诺（Paul Sereno）及他的同事在1997年和2000年的远行中的发现。他们到达了据称是"骆驼都畏惧"的偏远沙漠地区，当地温度高达52摄氏度。付出最终得到了回报，在那里埋藏着大量的头骨、脊椎骨、鳞甲和肢骨，几乎是帝王鳄的半个骨架。凭借这些发现，人们最终得以计算出帝王鳄的真实长度。

头和颌

帝王鳄的头部长度约为1.82米，其鼻子末端的鼻孔处是一对巨大的碗状凹陷。我们不知道此结构有什么具体作用，但有一种说法认为此处有一个巨大的声腔。像现代的雄性大鳄鱼一样，这个声腔可以放大它们发情时期的吼叫声。帝王鳄的颌强壮有力，里面排列着132颗牙齿。最粗短的牙齿的长度是其宽度的两倍，所以非常强健，可以承受巨大的压力，适合用来撕咬各种鱼类和咬碎骨头。

北非

帝王鳄如何捕食？

帝王鳄真能一下就撕咬开恐龙厚厚的皮和骨头吗？

现代鳄鱼是偷袭的高手。它们安静地潜伏在水下，耐心等待动物经过，然后伺机发动袭击，用强有力的上下颌死死咬住猎物，最终将猎物拖回水下，使其窒息而死。

帝王鳄也许采取了相同的捕食方式。除了捕食小型鱼类和甲壳类动物，它们也会袭击大型肉食性动物。帝王鳄的眼睛可以竖直向上，与今天的印度鳄非常相似。也就是说，它们可以将自己巨大的身躯隐藏在水下，只露出双目来观察猎物。有了这点优势，它们就可以从容地监视猎物，伺机发出致命一击。

保罗·塞里诺和他的团队认为，突然袭击的进攻方式、强有力的头骨、分布在上下颌的大量锋利的锥形牙齿，这所有的一切都使帝王鳄具备了成为恐龙杀手的特质。

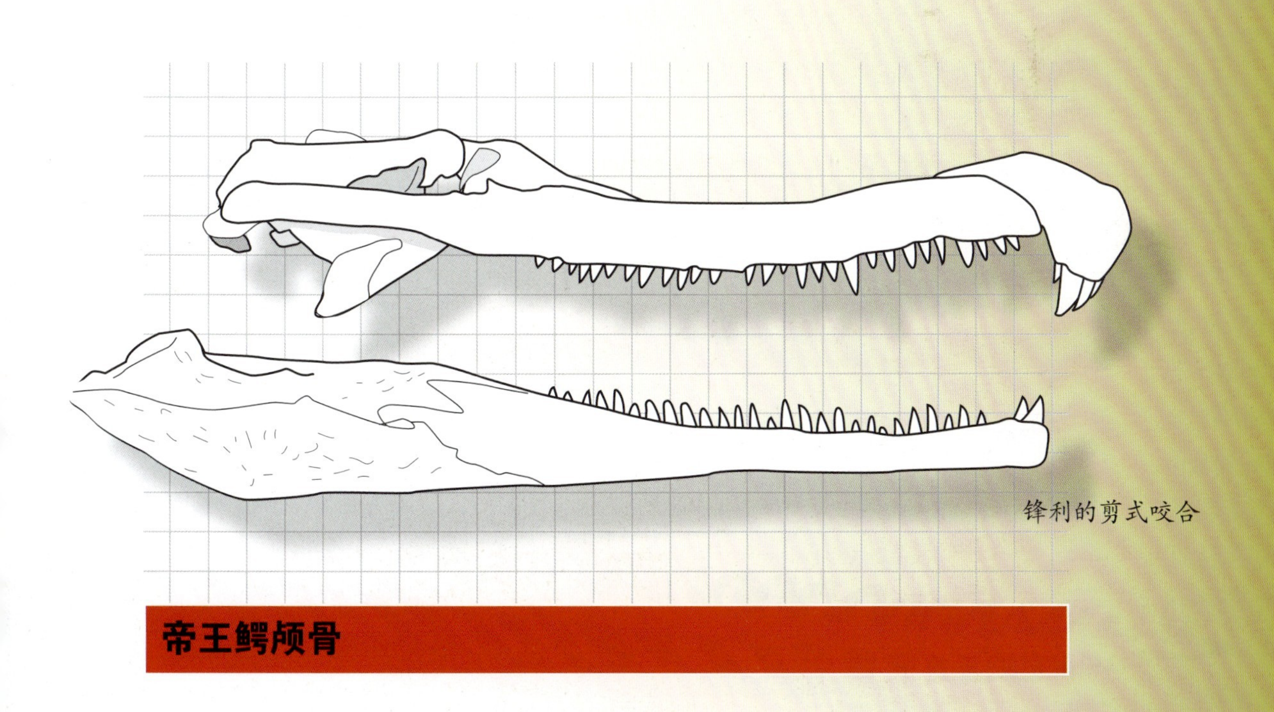

帝王鳄颅骨

咬合力

2003年，来自美国佛罗里达州立大学的生物学家格雷格·埃里克森（Greg Erickson）与他的同事共同发表了一篇关于现代鳄鱼咬合力的文章，给出了令人非常震惊的结论。

埃里克森的团队对位于佛罗里达的圣奥古斯丁短吻鳄农场和动物园里的60多只鳄鱼和短吻鳄进行了研究。科学家们把这些鳄鱼和短吻鳄引离水面，然后引逗它们尽全力咬一条咬棍。这条咬棍是2米长的铁棍，外面裹着皮，皮下藏着特制的传感器，可以精确测量鳄鱼施加的咬力。获取数据是一件非常危险的工作，因为这时候工作人员必须坐在鳄鱼背上。同时这也是一件耗费巨大的实验，因为鳄鱼仅仅咬一下，价值6000英镑的精密仪器就面目全非了。

实验结果并不出人意料，最高纪录来自公园里最大的一条鳄鱼，那是一条重450千克、长3.6米的美洲短吻鳄。它的咬合力达到了964千克，每颗牙齿都能施加相当于一辆小卡车质量的力度。所以可以想象的是，猎物被鳄鱼死死咬住后，是不可能逃脱的。

成倍放大

埃里克森发现，现代鳄鱼的咬合力和它的体型是成比例的，这也为我们估算帝王鳄的咬合力提供了理论依据。根据对帝王鳄体型的了解，科学家们计算出了帝王鳄的咬合力，结果令人十分震惊，它的咬合力达到了9吨。扒开一条帝王鳄完全闭合的上下颌所用的力相当于单手举起一头非洲野象。

因此我们不难想象，有了这样强大的咬合力，帝王鳄可以轻易地将一只小恐龙拖进水里，然后尽情地搅动身体，撕裂动物的骨肉。

帝王鳄

不算头骨和鳞甲，帝王鳄全身约有250块骨头。

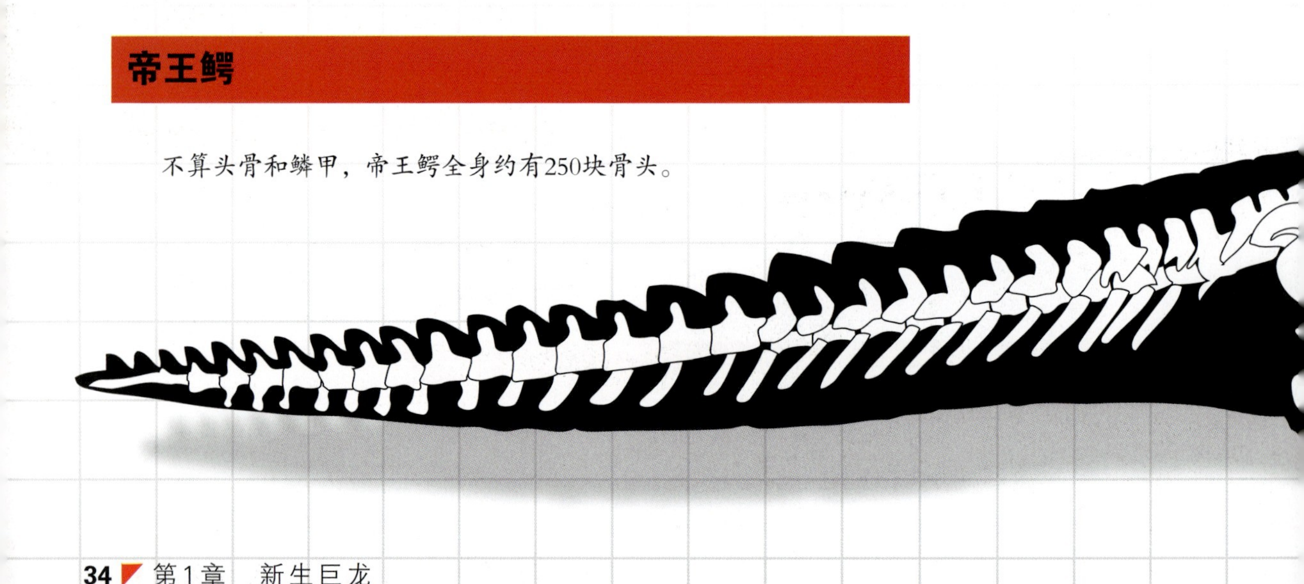

咬合力大比拼

下面是各种动物以及人类的咬合力与帝王鳄的咬合力的对比。

拉布拉多犬	57千克
人类	77千克
非洲狮	560千克
大白鲨	1800千克
霸王龙	3100千克
帝王鳄	8164千克

以下是3种估计史前生物的咬合力的方法。

1. 检查头骨结构，然后估测附着在头骨上的肌肉群大小。肌肉块越大，咬合力越大。

2. 虽然有点取巧，但通过牙印来估算动物的咬合力也是可行的。如果能找到一颗恐龙牙齿和带有牙印的骨化石，我们可以把牙齿敲进现代骨架模型中，以此推算咬合力的大小。

3. 先计算现生生物的咬合力，然后按比例放大以推算出古代生物的咬合力。这也是我们上文提到的计算帝王鳄的咬合力的方法。

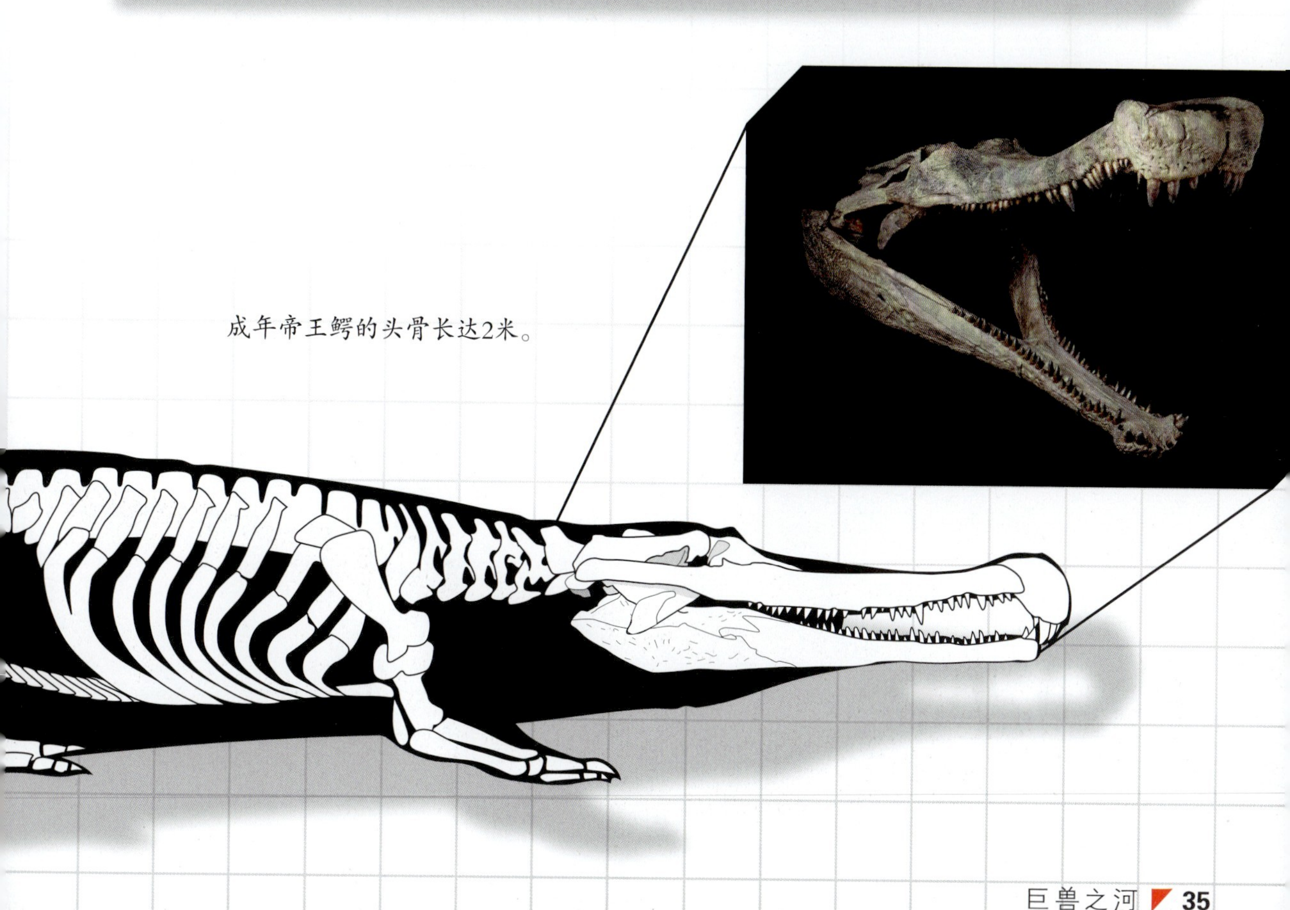

成年帝王鳄的头骨长达2米。

罗氏潮汐龙

（*Paralititan stromeri*）

学名解析
斯托姆发现的潮汐巨兽

食性
植食性

栖息地
北非

生活时期
晚白垩世，距今9800万年

生物分类
蜥臀目，蜥脚形下目，蜥脚下目， 泰坦巨龙类

体重
78吨

长度
30.5米

盆骨

这只泰坦巨龙的盆骨是在埃及被发现的，上面有明显的被撕开的痕迹，在骨头中还发现了一颗巨型肉食性动物的牙齿。这说明这只恐龙死后，它的尸体很快就被食腐动物瓜分殆尽了。

发音

pa-RAL-ih-tie-tan STROM-ear-E

发现

埋葬潮汐龙化石的岩石是沙石和泥石的混合物，很明显是在浅水滩内沉积而成的。岩石中还含有植物和根的残留物，似乎这里曾经是一片红树林沼泽。

脚和四肢

潮汐龙的肱骨长1.69米，这比白垩纪第二大恐龙、属于印度泰坦巨龙类恐龙的伊希斯龙（*Isisaurus colberti*）还要长14%。但是其他的泰坦巨龙大概会有着更长的肱骨，阿根廷龙的肱骨大约长1.8米！泰坦巨龙迈着比早期蜥脚类恐龙更大的步伐，说明它们更加善于应对崎岖不平的地势，转身也更灵活。跟所有的蜥脚类恐龙一样，潮汐龙的后趾是圆的，形状同现代大象的后趾相近。但与大象不同的是，蜥脚类恐龙的后脚趾内隐藏着巨大的弯钩形爪子。

巨鳄来袭

1

一只10岁的潮汐龙陷在巨兽之河岸边的烂泥中。帝王鳄慢慢靠近这只潮汐龙，咬住它的后腿，用力把它拖回水中。潮汐龙发出了惊恐无助的吼叫。

2

厄运还没有结束，它们嘈杂的叫声吸引了一只鲨齿龙（*Carcharodontosaurus*）的注意。鲨齿龙咬住潮汐龙的颈部，牙齿撕裂了潮汐龙的肌肉，深入骨髓。一场巨兽之间的拉锯战开始了……

3

最终，鲨齿龙更胜一筹，帝王鳄只得作罢。已经残废的蜥脚类恐龙惊声尖叫着，被鲨齿龙咬着颈部拖出了烂泥。帝王鳄悻悻而归，再次潜入水中，等待下一只猎物的出现。

杀手——陆地蜥蜴

更大的奖励

有时候，成为菜肴的不仅仅是幼年蜥脚类恐龙。你也许认为，对任何一个捕食者而言，阿根廷龙都显得过于富有挑战性。但是事实并非如此。对于某些恐龙来说，正是阿根廷龙那庞大的身躯激起了它们的斗志，这就是——

▶ **玫瑰马普龙（*Mapusaurus roseae*）。**

南美

玫瑰马普龙

（*Mapusaurus roseae*）

学名解析
玫瑰陆地野兽
食性
肉食性动物
栖息地
阿根廷
生活时期
晚白垩世，距今9900万年
生物分类
蜥臀目，兽脚亚目，异特龙超科，鲨齿龙科
体重
3～6.6吨
长度
12.2米

躯干

在发现的几只马普龙中，年轻的马普龙瘦骨嶙峋，体长5.5米，成年马普龙强壮有力，身长10余米。

发现

1997年，在阿根廷尼格罗河和内乌肯省一块被叫作库尔因组（Huincul Formation）的岩层中，阿根廷–加拿大恐龙项目小组的成员忙着收集恐龙化石。这支由罗多佛·科里亚领导的小队正着手挖掘一种大型兽脚类恐龙的遗骸，其大小与霸王龙相似。这次发现本身就足以使人兴奋了，但很快人们发现，这块巴塔哥尼亚岩石内埋藏着不止一种恐龙。

从1997年到2001年，科里亚的科考队先后4次回到这里，继续发掘这些兽脚类恐龙，并把它们收集到一起。等到这片区域的恐龙化石都被挖掘出来的时候，他们一共发现了7只恐龙的化石，甚至可以算成9只。一开始，这些恐龙被归于1995年命名的巨盗龙属的鲨齿龙科，但最终科学家们认定，这些化石属于一种全新的恐龙。这种恐龙后来被命名为玫瑰马普龙。“马普”在当地马普原住民语言中是“土地”的意思，“玫瑰（roseae）”是为了描述在马普龙被发现的地方周围分布的玫瑰色的岩石，同时也是为了纪念为1999年、2000年和2001年3次远征提供赞助的罗斯·赖特文（Rose Letwin）。

发音

mah-puh-SORE-uss row-say-uh

头和嘴

马普龙的头骨没有霸王龙那么强壮。虽然上下颌能够以极快的速度闭合，但是产生的咬合力难以穿透骨头。马普龙的牙齿窄而锋利，如同刀刃一般，上面分布着锯齿和倒刺。

爪子

这种凶残的捕食者的前肢末端有3只剃刀般锋利的爪子。

四肢

马普龙的前肢纤细无力，但是后肢却十分强壮。科学家估计，像巨盗龙和马普龙这样的巨型兽脚类恐龙，奔跑时速度可达到50千米每小时。

狼群战术

马普龙属于鲨齿龙科，是异特龙的近亲。对它的发现迅速引起了全球科学家的关注。自从1996年它被发现以来，一些科学家相信，这种14米长的怪兽比肉食性恐龙之王——霸王龙还要大。尽管马普龙与其骇人的表亲相比体型小了一些，但是在阿根廷卡尼亚达-德戈拉托发现的化石说明，马普龙可能有着不为人知的秘密武器。

由于大量的马普龙被同时发现，专家猜想它们是在集体行动的时候死于洪灾。有些科学家认为马普龙集体捕食，但是没有证据可以证实它们采取狼群战术通力合作。马普龙的大脑只有霸王龙的一半大小，它们有能力团结协作吗？也许，它们只是以多胜少，凑在一起毫无章法地围攻罢了。

掠食者

即使是像马普龙这样的一群暴徒，在面对阿根廷龙的时候也是心有余而力不足。但是如果它们不需要杀死猎物就能填饱肚子，情况又会怎样呢？

马普龙的牙齿如同刀刃一般，非常适用于刺破、撕裂肌肉。它们可以冲向体型与阿根廷龙相仿的恐龙，当它们还在行走的时候撕下一块肉来。这样的创伤会很疼，但是对于阿根廷龙这样的庞然大物来说绝非是致命的。也就是说，蜥脚类恐龙继续前行，马普龙群不断偷袭，撕下自己的大餐。这样，马普龙并不需要杀死猎物，阿根廷龙可以源源不断地为它们提供食物。

马普龙也许通过偷袭可以高效地获得食物，但攻击比自己大10倍的猎物总是要冒巨大的风险的。

危险的进食

1

一群马普龙正对着一队阿根廷龙虎视眈眈。

2

一只马普龙脱离了队伍，在阿根廷龙队伍中穿梭着。

3

一只受到惊吓的阿根廷龙惊恐地举起前肢。

4

马普龙被阿根廷龙重重地踩在脚下，顿时魂飞魄散。

5

马普龙躺在自己的血泊中，旁边阿根廷龙群缓缓走过。

以腐肉为食

当然，阿根廷龙最终可能死于马普龙造成的创伤，失血过多、精疲力竭或者细菌感染都可能促成它们的死亡。剩下的泰坦巨龙会继续跋涉下去，留下它们受伤的兄弟孤独地死去。

它们不会永远孤独。这平原上，捕食者眼尖，能很快发现受伤的动物，尤其是阿根廷龙这样体型庞大的美味。同现代肉食性动物一样，死去的动物是它们重要的食物来源之一。对于捕食者来说，即使是腐肉，因为省去了捕食的麻烦，也是不可多得的美味。过不了多久，蜥脚类恐龙尸体四周就会围满虎视眈眈的猎手，它们享用着这顿免费午餐，为争夺更多的食物大打出手。

我们已经充分掌握有关这些巨型恐龙的生物学资料，能够推算出一只重79.4吨的动物的组成部分：

12吨骨头，
4吨血液，
4.4吨皮肤，
16吨脂肪，
以及43吨肉和软组织。

在烈日下举行的这场烧烤盛宴足以养活一个完整的生物圈。

相生 相死

阿根廷龙繁荣的同时也带来了捕食者的繁荣。

9500万年前，阿根廷龙在南美灭亡。不久后，马普龙也消失了。相同的故事在全球各地一次次上演。9300万年前，潮汐龙在非洲灭绝，鲨齿龙随后也销声匿迹。类似的事情在恐龙历史上不断发生。也许，捕食者过于依赖大型蜥脚类恐龙为生，以至于当这些巨兽全部倒下后，灭绝成为了它们共同的命运。捕食者与地球上最大的生物一起化作了尘土。

第2章

失落的

100年来，非洲几乎是被古生物学家遗忘的大陆。但是新的发现告诉人们，这里曾经生活着一些有史以来最独特的恐龙。两种巨型杀手生存于此，但是一山不容二虎，它们是怎么做到和谐共存的呢?

世界

巨型猎手

我们已经见识过植食性恐龙成长为庞然大物的过程，但是令人好奇的是，肉食性恐龙是如何成长起来的呢？它们是如何一步步进化成骇人的捕猎机器的呢？有什么线索可以让我们更直接地了解这些恐龙是如何在恶劣的环境中生存繁荣的呢？

过去的100年来，很多问题的答案都是在古生物学家们频繁拜访的一片大陆上所发现的。20世纪上半叶，人们先后数次组织远征队探寻北非这片干燥的大陆，发现这里的确是白垩纪恐龙化石的宝库。人们发现了大量的蜥脚类恐龙、兽脚类恐龙的不完整骨架以及数百件零星的恐龙化石。令人惋惜的是，这里发现的恐龙化石大多是破碎的，因此化石的主人到底是谁还是一个谜。远征科考大多是由法国和德国的古生物学家发起的，少量北非恐龙化石收藏在英美博物馆。20世纪80年代末，当时的大英博物馆自然史分馆，也就是现在的英国自然历史博物馆，组织了一次前往尼日尔的科考远征。从此，越来越多的科考活动表明，无数令人震惊的恐龙曾经行走在北非这片广袤的大陆上。

中白垩世，也就是距今9900万~9300万年，两条河流系统将北非划分为两大块。一条横贯埃及，形成了红树林状的巴哈利亚组（Bahariya Formation）岩层；另外一条河流始于尼日尔，途经阿尔及利亚，终到摩洛哥，并在此流出众多分支，形成了一片宽达250千米的复杂的三角洲。摩洛哥三角洲河口沉积下来的岩石层被称作卡玛卡玛层（Kem Kem Beds）。

那个时候，摩洛哥及其周围区域比现在的位置更加靠南，几乎在赤道附近，气候也比现在更加炎热。这里有大片炙热贫瘠的土地，也有茂密的亚热带沼泽和洪泛平原。这也是一片被大型肉食性恐龙统治的平原，大批的捕食者居住在这里。

其中最为凶猛的就是——

鲨齿龙（*Carcharodontosaurus*），

一种体型与霸王龙相近的大型猎手。

鲨齿龙

（*Carcharodontosaurus saharicus*）

学名解析
撒哈拉的卡了鲨鱼牙齿的蜥蜴

食性
肉食性

栖息地
北非——阿尔及利亚，埃及，利比亚

生活时期
晚白垩世，距今9900万～9300万年

生物分类
蜥臀目，兽脚亚目，异特龙超科，鲨齿龙科

体重
6.6～8吨

长度
12～14米

躯干

鲨齿龙的骨骼粗壮结实，支撑着强健的躯干。它身高3.5米，是地球上体型最大的肉食性动物之一。

非洲的霸王龙？

鲨齿龙被称作非洲的霸王龙，但是这样的昵称并不正确。这两种恐龙来自地球的不同地方，在物种上充其量只是远亲，而且鲨齿龙所处的年代远远早于霸王龙。鲨齿龙和另一种属于异特龙超科的异特龙属于同一类。在异特龙超科内，鲨齿龙和巨盗龙被一起归类于鲨齿龙科。

发音

car-car-o-don-to-SORE-us sa-ha-i-cus

牙齿

鲨齿龙巨大的上下颌长有15厘米长锯齿状的利齿，它由此得名。每颗牙齿都有香蕉那么大。

大脑和头骨

虽然鲨齿龙体型和霸王龙差不多，但它的大脑却明显小得多。1995年，保罗·塞里诺和他的同事发现的鲨齿龙脑腔（见第54页）只有霸王龙的一半大小，是现代人类大脑容积的1/15。

鲨齿龙的头骨长且深，眶前孔——眼窝和鼻孔之间的孔——比一般恐龙大很多。也许这样的结构能够减轻巨大头颅的质量。仅头骨就有1.5米长。

四肢

这种凶残的猛兽前肢短小，末端的爪子上长有3根锋利尖锐的趾头。它的后腿强壮而且有力。

发现

第一件鲨齿龙化石是1927年查尔斯·迪普莱特（Charles Depéret）和J.撒沃林（J. Savornin）在阿尔及利亚发现的。最初科学家们认为这些化石属于斑龙（*Megalosaurus*）一类，因而将其命名为撒哈拉斑龙（*Megalosaurus saharicus*）。4年后，德国古生物学家恩斯特·斯特姆·冯·海因巴赫研究了一些类似的化石，包括牙齿、头骨的一部分以及其他部位的骨骼。这些化石是1911年在由慕尼黑博物馆发起的一次科考远征中在巴哈利亚发现的。斯特姆得出的结论是，这些骨头应该属于一种新型恐龙，因此称其为*Carcharodon carcharias*，在拉丁文中是“大白鲨”的意思。这标志着鲨齿龙开始正式进入人们的视野。

然而，1944年4月24日，德国遭到了盟军毁灭性的轰炸，慕尼黑的巴伐利亚州立古生物及地质学博物馆也遭到了沉重打击。斯特姆所有的收藏都付之一炬。除了1952年由古生物学家雷内·拉沃卡特（René Lavocat）在南摩洛哥发现的几颗牙齿化石得以保留至今以外，人们掌握的关于鲨齿龙的所有资料就停留在迪普莱特和斯特姆的时代了。

后来，在1995年，由保罗·塞里诺带领的芝加哥大学科考队再次在摩洛哥发现了部分骨架和一块长达1.5米的头骨。

查尔斯·迪普莱特

鲨齿龙头骨

恩斯特·斯特姆·冯·海因巴赫

近亲

2007年，斯蒂夫·布鲁萨特（Steve Brusatte）和保罗·塞里诺命名了1997年在尼日尔发现的一种新型鲨齿龙。这种叫作新鲨齿龙的恐龙跟1995年在尼日尔发现的鲨齿龙（代表了撒哈拉鲨齿龙的特点）有诸多不同之处。

毫无疑问，这两种恐龙有着共同的祖先。在那时，北非被一湾浅海隔断。有没有可能一群鲨齿龙与大部队被新形成的海洋隔离开来呢？隔海相望的两群恐龙可能处于两种完全不同的自然环境里，遇到完全不同的生物，由此进化出截然不同的生物特征。在它们被海洋隔开的那一刹那，就注定了两种不同的进化历程，最终形成两种不同的物种。即使最终它们再次相遇，地理隔绝也可能造成生物隔绝，导致它们无法交配繁殖后代。它们的基因差别实在是太大了。

生物学把这种现象称作分区物种形成，今天这种现象仍然很常见。巴拿马史密尼森热带研究所的南希·诺顿（Nancy Knowlton）花费数年时间研究中美洲的枪虾。300万年前，巴拿马地峡形成了，它是连接北美和南美的陆上通道。诺顿带领的小组发现，加勒比海一侧的枪虾在基因方面与北太平洋的枪虾非常相似，说明在地峡形成之前，两种枪虾原本是同一种生物。但是，当科学家们将来自地峡两岸的雌雄枪虾放在一起时，它们却并没有进行交配的意图。相反的是，它们互相攻击。地峡的形成将物种隔断，给它们安排了两条不同的进化道路。300万年后当它们再次相遇时，命运的安排已经使得它们变得无法共存了。

两只鲨齿龙碰面了，它们摩拳擦掌，
准备加入——

搏击俱乐部

同室操戈

很多大型捕食恐龙的头骨上都有抓痕、伤疤和刺痕，这些创伤只可能是另一种肉食性恐龙所为。

1997年发现于中国新疆的董氏中华盗龙（*Sinraptor dongi*）的头骨是最好的例子。这种晚侏罗世的兽脚类恐龙长约7米，直立起来离地最高3米，被认为是鲨齿龙的远亲。这块头骨上有28处伤痕，每处都是由大小相似的肉食性恐龙造成的。有些刺痕深入骨髓，像是被攻击者深深咬住骨头所致。其他的伤痕、抓痕是在牙齿擦过头骨时留下的。这些痕迹清晰可见，科学家们可以清楚地识别出这些伤口是如何造成的。

看上去，当时两只恐龙正进行一场面对面的较量，它们的头几乎撞在了一起。盗龙脸部右侧被恶狠狠地咬了一口，下颌被对方撕裂开，直至喉咙。可以想象这样大的创伤会导致大出血。但盗龙却似乎神奇地生存了下来，因为头骨上的伤口在它死之前很久就开始愈合了。并非所有的恐龙都如此幸运，在加拿大阿尔伯塔发现的惧龙（*Daspletosaurus*）头骨下颌处遗留着一根6毫米长的霸王龙牙齿断尖。这颗牙齿呈90度插入惧龙下颌，然后尖部断裂，留在了骨头里。

2001年，人们在一只鲨齿龙的头骨上发现了一处疑似咬痕的创伤。科学家们认为鲨齿龙在与对手搏斗时，搏斗的方式和其近亲——盗龙如出一辙。但是，兽脚类恐龙为什么要这样互相厮杀呢？

有如下几种解释。

猜想1：午餐

肉食性恐龙有没有可能仅仅为了填饱肚子而互相厮杀呢？这当然有可能，但是有些人觉得事实并非如此血淋淋。

猜想2：嬉戏

也许，兽脚类恐龙是在一起嬉戏，只不过玩得有点过头了。很多现代大型猫科动物都会在互相打闹的过程中学习重要的捕食技巧，有些古生物学家觉得恐龙也有类似的行为。这些创伤有可能是兄弟之间玩得过火所造成的吗？虽然说现代猫科动物的身上经常出现创伤，但是被发现的恐龙头上的咬痕几乎都是由其他种类的成年恐龙造成的，这说明它们已不再喜欢玩攻击的游戏了。

猜想3：发情

另一种猜想认为，这些伤口是情侣之间的求爱造成的。一些现代爬行动物和鸟类在交配过程中，雄性会抓着雌性的鼻子、头或者颈部，这些过激行为有时会导致生命危险。这种说法无法得到验证，但终归是有可能的。

猜想4：捍卫领地

最有可能的解释是，恐龙为了保卫领地而搏斗。和今天的肉食性动物一样，大型兽脚类恐龙拥有大量的领地，必要的时候，它们会用生命来捍卫其不受侵犯。据估计，一只成年鲨齿龙所需要的猎食领地约为500平方千米。

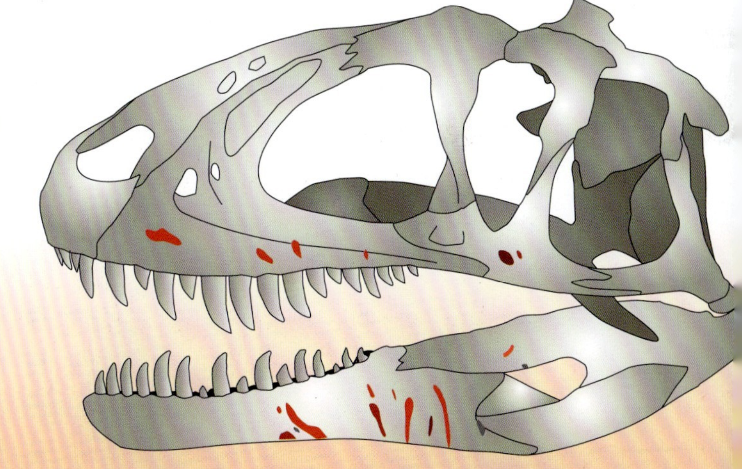
带有咬痕的鲨齿龙头骨

领地在恐龙的猎食、交配、筑巢以及保护幼龙安全等方面至关重要。但是，占领领地最重要的目的还是巩固食物来源，尤其是在卡玛卡玛层这样残酷的环境里，情况更是这样。

于是我们揣测，如果一只鲨齿龙步入另一只鲨齿龙的领地，它会马上陷入危险的境地。这片土地上现有的男主人会通过示威来驱赶不速之客，大多数动物会炫耀自己强壮的身体，以此来恐吓入侵者，也有的会发出怒吼。如果这些手段都失效了，战斗就不可避免了。但这种做法极有风险，毕竟入侵者也有可能胜利！

像鸟一样呼吸

1996年在巴塔哥尼亚荒原发现的化石为之前提出的关于鲨齿龙和其他兽脚类恐龙的生物学及解剖学观点提供了有力证明。在这次美国–阿根廷联合科考活动中，由保罗·塞里诺领导的科学家们发现了科罗拉多河气腔龙（*Aerosteon riscolorasndensis*），其名字的含意即“来自科罗拉多河的空气骨头”。

这种与大象一般大小的肉食性恐龙生活在8500万年前的晚白垩世。它之所以得此奇怪的学名，是因为它的髂骨、叉骨、肋骨都是中空的，就如同现代鸟类一样。看起来，气腔龙的呼吸方式与鸟类相同：它们的气囊充满空气，与肺连接，分布在身体及头部各处。也就是说，每呼吸一次，空气就能流至全身。气囊就像风箱一样，将大量富含氧气的空气鼓回肺部。由于通过气囊的空气量十分巨大，气腔龙体内空气循环系统的效率是普通哺乳动物的5倍。这种循环系统可以将新吸入的空气和原本残余在肺部的空气混合。和人类不同的是，鸟类在吸入新的空气之前，不需要排出体内积攒的二氧化碳。这些都能帮助鸟类更适应飞行环境，使它们比可以飞行的哺乳动物（如蝙蝠）飞得更高、更久。

鸟类的骨头轻巧灵便，有助于起飞。刚出生时，雏鸟的骨头和哺乳动物一样是实心的。随着年龄的增长，鸟类的骨头经过一系列气腔化过程，气囊分裂，形成细管状支囊，散布在脊椎骨、股骨和肩骨等地方。支囊逐渐充满骨头内部，使其变成中空状态。当然，气腔龙不会飞，但是有了气囊系统的帮助，它可以长时间奔跑，提高捕食效率。中空的骨头也使得骨架的某些地方更轻、更坚硬，头骨、腹部的骨头就属于这种情况。

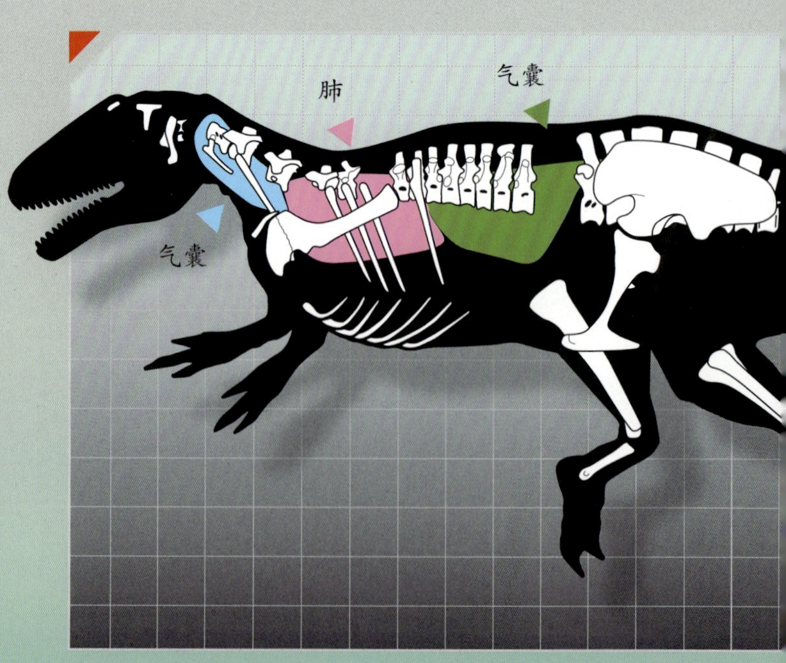

严格地讲，气腔龙的骨骼结构并不新奇——中空的骨头在蜥脚类恐龙和兽脚类恐龙中非常常见。但是，这种结构证实，异特龙超科恐龙（包括鲨齿龙和气腔龙）骨头的气腔化与鸟类是不同的。

鲨齿龙如何捕食？

所有的证据表明，鲨齿龙需要捕食大量猎物才能生存，但还有最后一个疑问。与霸王龙的头骨相比，鲨齿龙的头骨更窄更纤细。很难想象这样的头骨是怎么承受住撕咬大型猎物时产生的巨大压力的。

所以我们不得不问，它有什么独特的捕食策略吗？答案就藏在牙齿里。鲨齿龙的牙齿扁平如刀刃，表面看上去很弱小，不能咬穿坚硬的头骨。然而，它们的牙齿是锯齿状的，和鲨鱼的牙齿一样，这也是鲨齿龙名字的由来。也许这就可以解释它是怎么捕杀像豪勇龙（*Ouranosaurus*）这样大的恐龙的。

鲨齿龙牙齿

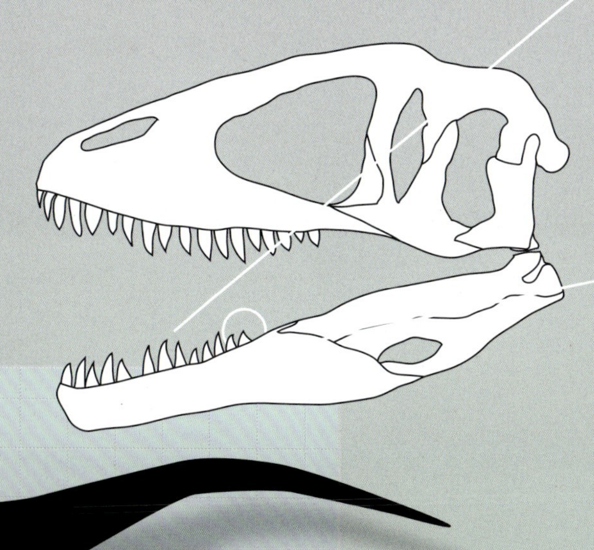

鲨齿龙

鲨齿龙有着与鸟类类似的气囊系统。

缓慢地死去

1
一只鲨齿龙发现了一群豪勇龙。
有一只豪勇龙落单了。

2
一只豪勇龙发现了鲨齿龙的行踪。

3
豪勇龙发
出一声尖叫，
逃跑了。

4

鲨齿龙冲上去，在豪勇龙的身上狠狠咬了一口，锯齿状的牙齿深深刺入豪勇龙的肌肉，造成了极大的创伤。

5

鲨齿龙放跑了猎物。豪勇龙惊恐地嚎叫着，流着大量鲜血，拖着身体向远处逃跑。在烈日炙烤和大量失血的情况下，它很快倒下了。

6

这只兽脚类恐龙没有浪费体力去追赶受伤的猎物。它只是站着不动，等待猎物自己倒下。然后，它慢慢走过去，享用这顿美食。这时，猎物已经没有力气挣扎了。

鲨齿龙采用先撕咬后等待的战术，不费多大力气就得到了一顿美餐。

豪勇龙
（*Ouranosaurus*）

学名解析
勇敢的蜥蜴

食性
植食性

栖息地
北非，尼日尔

生活时期
早白垩世，距今1.1亿年

生物分类
鸟臀目，鸟脚亚目，禽龙类

体重
2.6~2.9吨

长度
7米

腿

虽然豪勇龙完全可以靠两条腿站立，但平时在行走、站立休息时，它还是会四脚落地。只有在需要够高处物体或者打斗的时候，它才会两腿站立。

脚

与禽龙一样，豪勇龙的大拇指像长钉般锋利，可以用来威胁捕食者或与之打斗。它前肢的二趾和三趾有像蹄子一样的指甲，所以它可以四肢行走。另外，豪勇龙的腕骨是愈合的，可以提供更多的支撑。

发音

oo-RAN-o-SORE-us

头骨

豪勇龙的鼻子比它广为人知的亲戚——禽龙来得长。它的下颌细长，长有突起的树叶状牙齿，脸颊末端的喙内无牙，与鸭嘴的形状相仿。强壮的咀嚼肌可以应对各种植物。

与禽龙不同的是，豪勇龙的头顶眼睛前方的位置有一处隆起，这里很有可能贮藏了大量的角蛋白（一种纤维蛋白），相似的物质在长颈鹿身上也有发现。这些隆起有可能用于向其他恐龙炫耀或者在头部顶撞时为自己占得先机。

发现

1965年，来自法国巴黎国家自然历史博物馆的菲利普·塔奎特（Philippe Taquet）在前往尼日尔的一次科考活动中发现了尼日尔豪勇龙。他用当地一种在阿拉伯语中名叫“豪勇”的蜥蜴来命名这种恐龙。

体型最大的陆上捕食者

一只大型肉食性动物正在北非的荒原上奄奄一息。它的呼吸逐渐短促，视线也渐渐变得模糊。它看不到停留在数米之外的食腐动物。几天前，这些食腐动物还对它敬而远之，但是现在，它却要成为别人的美食了。

在炎炎烈日下，这只身受致命伤的恐龙翻起了白眼。最终，这只世界上最大的恐龙咽下最后一口气。

9500万年后，这只庞然大物所遗留下来的只有一小部分化石：不完整的下颌骨和部分脊椎骨。

2005年，这些骨骼流落到了意大利的米兰国家自然历史博物馆的研究者手中。在此之前很多年，它们都是一个私人收藏家的收藏品，但是现在，这些化石却震撼了古生物学界。新恐龙的发现证实了一件事情，它将原来万众瞩目的霸王龙赶下了第一大陆生肉食性恐龙的宝座。与这种早它几百万年的恐龙相比，霸王龙只是个侏儒而已。

让我们目睹新王登基——长着怪异鼻子、帆状后背的——

▶ **棘龙（*Spinosaurus*）。**

时间轴

奇怪的是，我们早在100年前就知道棘龙了。可是，直到最近科学家们把一系列事实联系在一起之后，人们才知道这家伙有多么骇人。

1910年　德国贵族恩斯特·斯特姆出海前往埃及，在北非的岩石中搜索化石。

1912年　斯特姆发现了惊人的恐龙化石。他挖掘出一些奇怪的长头骨的碎片、几颗牙齿和长达165厘米的脊椎骨。这些是否曾经撑起过某种帆形骨架结构呢?

1915年　由于这种恐龙长有长长的背棘，斯特姆将其命名为“棘龙”，并且猜测这种恐龙可能比霸王龙还要大。后来，这些恐龙化石在慕尼黑专场展出。

1944年　跟斯特姆其他收藏品的命运一样，这批化石也在1944年的大轰炸中荡然无存。留给世人的只有斯特姆的笔记、照片和绘画资料。

1975年　在摩洛哥南部陶兹镇的东边，人们发现了一件新头骨化石。在随后的27年中，这件化石由意大利的一名私人收藏家保存。

1996年　保罗·塞里诺在摩洛哥北部的卡玛卡玛层挖掘出了另一件化石。由于受到严重风化，这件化石一直身份不明，直到2002年都被保存在芝加哥大学的收藏室里。在芝加哥大学，它被编号为样本UCPC-2。

2002年　意大利的米兰国家自然历史博物馆获得了1975年发现的化石，将其编号为MSNM V4047。随后，克里斯蒂亚诺·达尔·萨索（Cristiano Dal Sasso）和他的同事共同研究了这件化石。他们也详尽描述了样本UCPC-2：这些化石是棘龙鼻子顶端的骨嵴。

2005年　达尔·萨索和他的同事发表了论文，证实了斯托姆数十年前的推断——棘龙的确比霸王龙大得多。

棘龙

（*Spinosaurus aegypticus*）

学名解析
有背棘的蜥蜴
食性
肉食性
栖息地
北非，埃及、摩洛哥
生活时期
晚白垩世，距今9900万～9300万年
生物分类
蜥臀目，兽脚亚目，斑龙科，棘龙科
体重
7.7～10吨
长度
14～17米

背脊

有些科学家认为棘龙身上隆起的后背与野牛相似，而并非帆状的。帆状后背大概可以帮助这个大家伙调节体温或者吸引异性。

腿

现在我们知道，同所有的兽脚类恐龙一样，棘龙靠两条有力的后腿走动。过去，人们常常认为棘龙科恐龙是四足行走的。

发音

spine-o-SORE-uss
a-jip-tea-cuss

身体

至今为止还没有发现完整的棘龙骨架。科学家们根据对其他相似恐龙的认识复原了棘龙的样子。

头和嘴

棘龙的鼻子长约99厘米，据此，专家估计其头骨大概有1.75米长，是已知肉食性恐龙中最长的。它的鼻子像鳄鱼一样呈细长状，鼻孔位置很高，而且离眼睛非常近，这在恐龙中是不常见的。与大多数兽脚类恐龙锯齿状的牙齿不同的是，棘龙的牙齿光滑圆润，上下颌的牙齿像鳄鱼般交错。

前肢

虽然科学家们并没有发现前肢化石，但人们普遍认为棘龙的前肢与其近亲重爪龙（*Baryonyx*）的一样强壮有力，肉钩般的爪子可以直击猎物要害。

重量级比较

“最大恐龙”桂冠的争夺者还有如下几种。

霸王龙

直到20世纪90年代中期，人们普遍认为霸王龙是在地球上生存过的体型最大的肉食性动物。迄今为止，人们共搜集到30多个霸王龙样本，最完整的一个保存在芝加哥菲尔德自然历史博物馆。这只叫作苏（Sue）的霸王龙长12.8米，重7吨，6700万年前漫步在美国南达科他州茂密的森林里。

巨盗龙

1993年，来自阿根廷内务肯省的卡门·弗恩市立博物馆的罗多尔夫·科利亚（Rodolfo Coria）和莱昂纳多·塞尔加多（Leonardo Salgado）发现了这种巨大的肉食性恐龙，它一时间使得霸王龙相形见绌。9700万年前，巨盗龙靠生活在巴塔哥尼亚地区的蜥脚类恐龙为食。它长达14米，重8吨。虽然超大号霸王龙化石标本的大小与巨盗龙差不多，但整体来说，巨盗龙似乎比霸王龙大一些。然而，霸王龙有一个方面完胜对手，它的大脑是巨盗龙的两倍。巨盗龙虽然有些笨，但在达尔·萨索发现棘龙之前，它一直是陆地上最大的捕食者。

问题是，还会有更大的恐龙等待人们去发现吗？

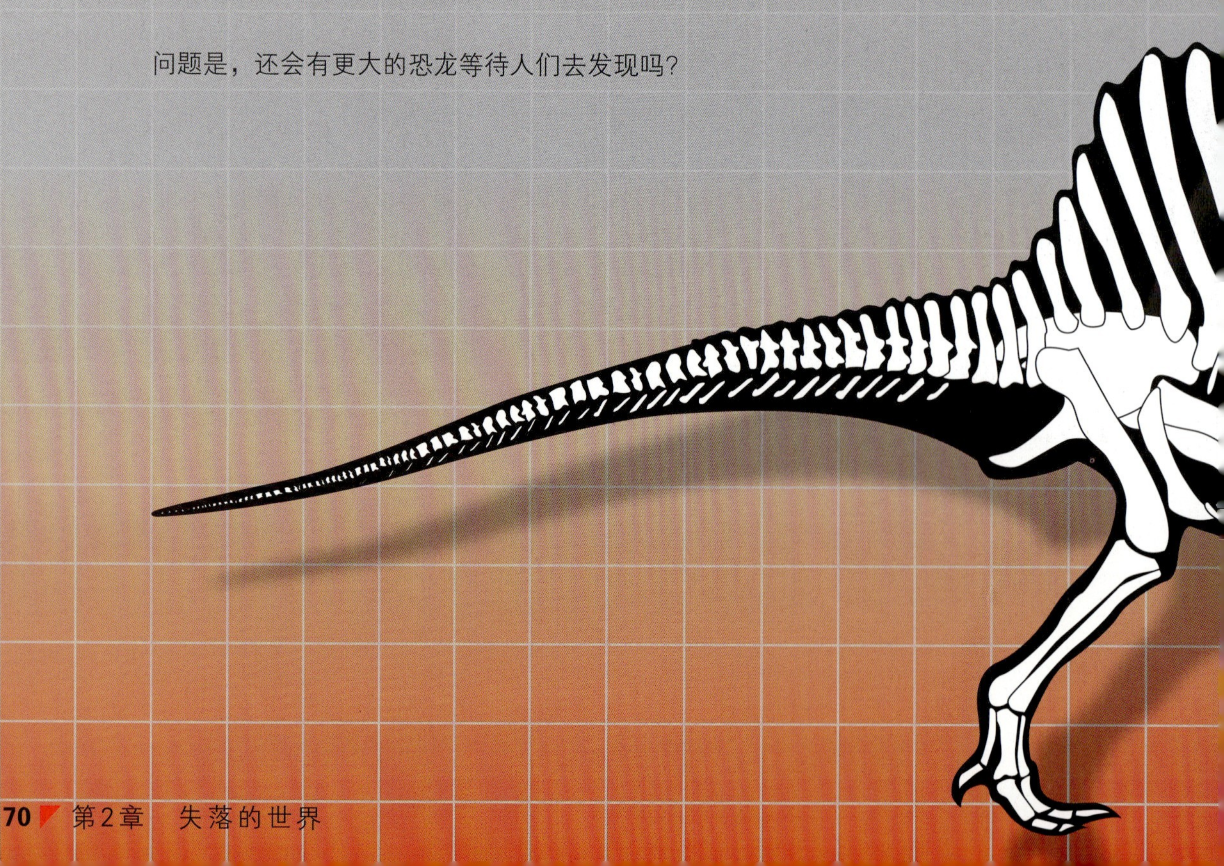

口味各异

棘龙可以算是一种十分独特的恐龙，但这也使得人们产生了不少疑问。这种怪异的恐龙住在鲨齿龙附近。我们也知道领地对大型恐龙来说十分重要，这两种恐龙是如何和谐共处的呢？有足够的食物供它们分享吗？

棘龙牙齿

我们知道鲨齿龙靠什么为生，那么，棘龙又以什么为食呢？答案也许很令人吃惊。

考虑到棘龙的块头，人们也许很自然地认为它会和鲨齿龙一样以大型植食性动物为食，比如说豪勇龙。棘龙身长17米，显然比豪勇龙长得多，但豪勇龙似乎并不是棘龙心爱的食物。

我们再来看看棘龙的牙齿。和鲨齿龙不同的是，棘龙的锥状牙齿是直的，没有大多数肉食性动物的牙齿上那样用来撕裂肌肉的锯齿。此外，棘龙的下颌同鳄鱼的一样，又长又窄。我们已经知道，鲨齿龙的头骨稍显薄弱，难以牢牢控制住猎物。那么棘龙长长的口鼻部能更加有效地抓住豪勇龙吗？我们深表怀疑。

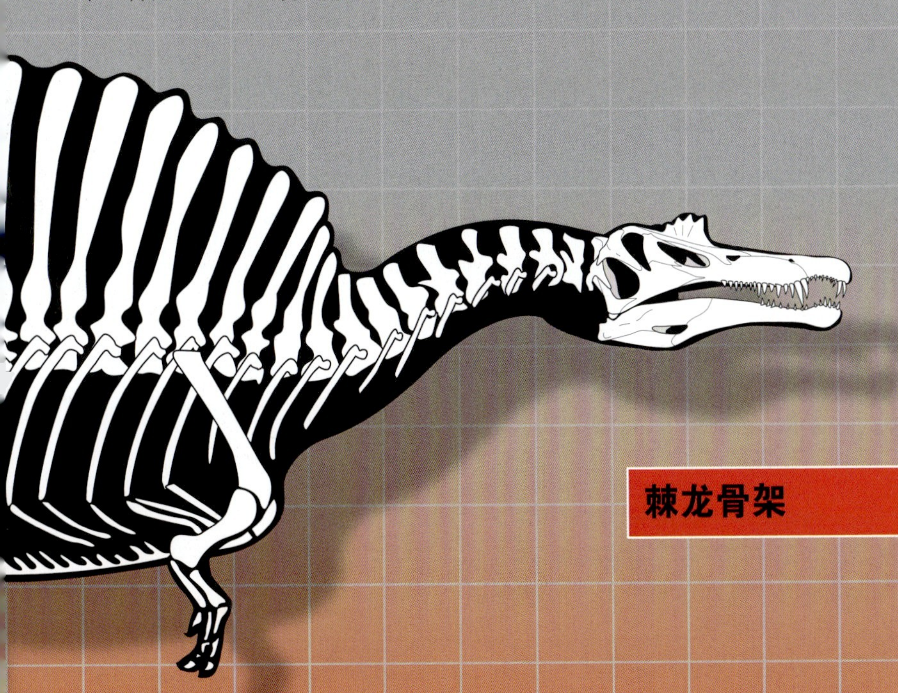
棘龙骨架

棘龙以什么为生？

证据1

卡玛卡玛地区分布着众多热带沼泽和大型河流，挤满了水生动物。棘龙的化石在河边比较常见，在干燥地区比较罕见。

证据2

1975年，科学家们在一件编号MSNM V4047的下颌化石里发现了一种锯鳐（*Onchopristis*）的脊椎骨。虽然这一脊椎骨是在恐龙死后才进入下颌的，但在同一地点发现的化石足以说明棘龙和锯鳐居住在同一片栖息地。

证据3

1983年，业余化石收藏家威廉·沃克尔（William walker）在萨里郡的多金附近发现了棘龙的近亲。这种被称作沃克氏重爪龙（*Baryonyx walkeri*）的恐龙有着和它北非亲戚一样长的下颌线和柱状牙齿。科学家们在它的腹腔内发现了一种1米长的鱼类鳞齿鱼（*lepidotes*），这大概是没有被完全消化的食物。

锯鳐

眼睛

位于头部顶端，更多地用于发现捕食者而非猎物。

腹面

锯鳐的嘴巴和腮都长在扁平的腹面上。

嘴

3米长、像锯子一样的嘴里排列着形状不规则、表面粗糙的牙齿。同所有的鲨鱼科动物一样，锯鳐大致依靠嘴上的电感应器来搜索躲藏在河床中的猎物。它也可以通过搅动河水来迷惑或弄伤猎物，并掠过水底沉积层来寻找食物。

身体

按照从嘴巴尖到尾巴这个长度来算，锯鳐可以长到10米长。它并非现代锯鳐的近亲，早在晚白垩世就灭绝了，那之后1000万年现代锯鳐才进化出来。和现代鲨鱼一样，雌锯鳐比雄锯鳐要长，重1.1～1.6吨。

证据4

出于对重爪龙的痴迷，布里斯托大学的艾米丽·雷菲尔德博士（Dr. Emily Rayfield）通过CT扫描技术将重爪龙的头骨与另一种兽脚类恐龙（一种食肉短吻鳄）以及恒河鳄（一种印度鳄鱼，有着长而窄的颌）进行对比。研究结果显示，在撕咬的时候，重爪龙的头骨与恒河鳄的头骨拉伸收缩的方式很相似。

证据 5

里昂大学的罗曼·阿米艾特（Romain Amiot）和一个国际科研小组在2010年对棘龙进行化学分析之后发现，棘龙生命中的大部分时间其实是在水中度过的——比大部分兽脚类恐龙在水中的时间要多得多。

这一发现有着重大意义。如果我们相信棘龙和重爪龙有着相似的生活方式，那么在它嘴巴里发现的鱼齿只能说明一件事——世界上最大的陆地捕食动物居然是吃鱼的。

同位素的妙用

阿米艾特的团队是如何发现棘龙大部分时间是在水中游荡的呢？通过研究化石中的同位素，我们可以清楚地知道恐龙是以吃什么植物为生的。在这里，科学家用这种技术估算棘龙在水中活动的时间。

原子内部是原子核，而原子核又是由正电性的质子和电中性的中子组成的，原子核的周围环绕着负电性的电子。如果两个原子质子数相同但中子数不同的话，我们就可以说这两个原子互为同位素。化学物质可能包含数种同位素。比如，自然界中存在多种碳同位素，碳12、碳13以及碳14——它们都是碳元素（都有6个质子）。然而它们的中子数却互不相同，分别是6、7、8个。碳12有6个质子和6个中子，碳13有6个质子和7个中子，以此类推。

阿米艾特的团队知道，如果恐龙长时间待在水里的话，体内会积攒一种氧同位素，而只生活于干燥陆地上的恐龙体内基本没有这种物质。他们研究了棘龙的化石，并将其与典型的陆地恐龙——鲨齿龙以及水生爬行动物如鳄鱼和乌龟进行比较，比较的结果是，棘龙化石同位素的构成与鳄鱼更为相似。

看来棘龙无疑是生活在水中的了。

北非

残羹美宴

1

一只棘龙耐心地站在河中，任由河水冲刷着它的脚。水下的锯鳐对水面上的危险浑然不知。棘龙把嘴巴探入水中，位于鼻子上的敏感皮肤感受着水下的一举一动。

2

一条锯鳐游进了棘龙的攻击范围。棘龙毫不犹豫地展开攻击，用嘴巴死死咬住它。锯鳐做着垂死挣扎，但还是被棘龙拖出水面。棘龙圆锥形的牙齿很适合牢牢抓住猎物。

3

棘龙将这条鱼狠狠地摔在河岸上，然后用大脚掌踩在上面，让它动弹不得。

有力的爪子撕裂鱼皮，切开鱼肉。

4

水中的猎物多的是，棘龙可以大肆浪费，把吃到一半的锯鳐丢在一边，然后回到河边继续捕食。多亏了棘龙，像皱褶龙（*Rugops*）这样的食腐动物才能饱餐一顿。

鱼来鱼往

如果棘龙真的是以鱼为生，那么，这么大的捕食者是怎么抓鱼的呢？我们可以肯定的是，如此大小的肉食性恐龙肯定不会费心去抓小鱼苗的。棘龙只对河里最大、最危险的鱼——锯鳐感兴趣。

敏感的鼻子

20世纪80年代，科学家们提出，像棘龙这样的食鱼恐龙采取的捕鱼方式可能和苍鹭相同——站立在水中，然后看着猎物游过来。然而，棘龙却不需要用眼睛来锁定猎物。

2009年，克里斯蒂亚诺·达尔·萨索的考察队把注意力再次放到了MSNM V4047号样本上。通过断层扫描分析（CAT），科学家们发现棘龙的鼻骨里有很多小孔和通道，很像现代的鳄鱼。

鳄鱼体内的通道与上下颌的神经纤维簇相连接，可以用来感应河中最微小的水流变化。也就是说，即使在伸手不见五指的黑夜，鳄鱼也能通过感应捕食猎物。这些感应器只有针尖大小，但却非常敏感，可以感应到数米之外落到河中的一滴水珠。

如果棘龙的鼻子上也有着相似的压力感应器，那它只需要把下颌伸入水中就可以感知猎物。棘龙会耐心地等待，直到一群锯鳐游入攻击范围。

别挡路

棘龙善于合理利用生存环境中的各种资源，并因此得以繁衍生息。棘龙生存的栖息地上遍布着大量的大河、浅海湾和潟湖，水中一年四季都有大量的食物。由于缺少争夺食物的对手，棘龙得以长到如此巨大。

棘龙食鱼的习性也解释了它能和鲨齿龙和睦共处的原因。这两种恐龙几乎不会碰面。棘龙是水边的霸主，而鲨齿龙则统治了陆地。

头骨比较

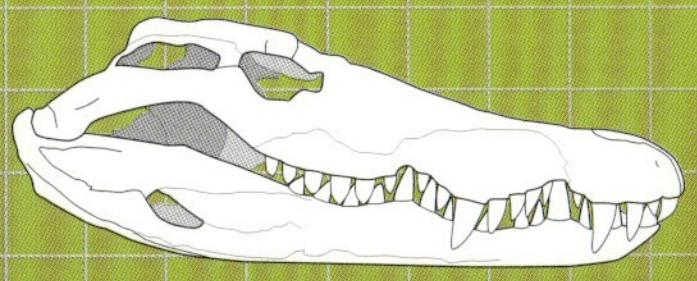

鳄鱼头骨

鼻孔长在高处，说明棘龙可以把口鼻伸入水中，同时呼吸。

头骨内的小孔和鼻窦含有压力感应器，可以感知猎物。

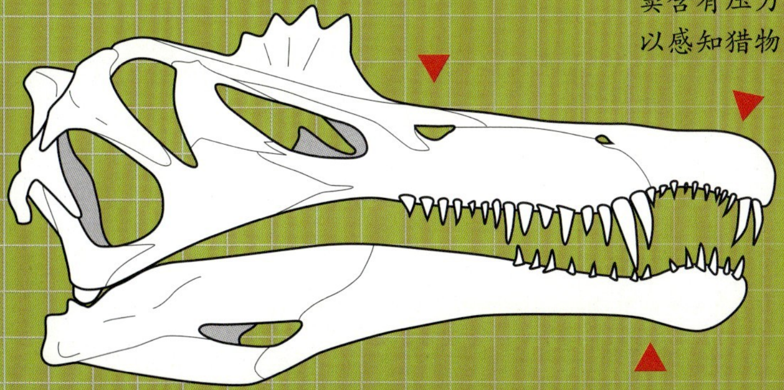

笔直、圆锥状的牙齿

棘龙头骨

危险的旱灾

不管怎样，世界万物都有一定之规。大多数的时间里，在大自然的安排下，大家都相安无事，但也有例外的时候。像棘龙这样以鱼为生的恐龙也会遇到食物危机，特别是在气候变化的时候。

以卡玛卡玛层为代表的北非四季变化明显，夏天致命的干燥席卷着这片大陆。在最极端的情况下，洪流和浅海湾在数周之内就荡然无存。这里原本生活着大量棘龙赖以为生的水生生物，干旱使得它们面临严峻的生存危机，原本碧波浩淼的河面现在只剩下几个污浊的水坑，星罗棋布的鱼骨头被烈日炙烤着。

遇到这种情况，其他动物会迁徙去寻找新的绿洲。食物之争会越演越烈。尽管体型巨大，棘龙也必须变得格外小心，因为它会很轻易地落入水坑，成为帝王鳄的美餐。在饥饿和体力虚弱的双重考验下，如果再遇到地球上最大、最贪婪的鳄鱼，棘龙也许很难存活。

与棘龙相比，帝王鳄还占有另一方面的优势。在干旱季节，它可以放缓新陈代谢的频率，从而减少进食量，有效地通过休眠来度过这一时期。

棘龙却不能如此有效地适应环境，它必须不停地进食才能维持生存。

改变食性

但这些都不能说明棘龙无法在干燥的环境中生存。虽然在水边的生活是最惬意的，但是在陆地上，它也一样能证明自己的能力。虽然没有证据显示棘龙捕食过陆地生物，但我们已经发现，棘龙的某些表亲并非仅仅以鱼类为食。

1983年科学家们在英格兰发现了沃克氏重爪龙，并在其胃里找到了幼年禽龙的残骸。2004年，有证据显示，棘龙可能捕食过翼龙——一种有翅膀的爬行动物。朴茨茅斯大学的大卫·马迪尔（David Martill）、法国科学家埃里克·巴夫陶特（Eric Buffetaut）以及弗朗西斯·艾库勒（Francois Escuillé）检查了发现于巴西东北部桑塔纳组（Santana Formation）的一块身份不明的翼龙的颈椎。用酸腐蚀掉外层的岩石之后，他们发现了一颗深深刺入脊椎的牙齿。这颗牙齿光滑、纤细，没有锯齿，只可能是棘龙的。科学家们将化石进行了比对之后发现，这颗牙齿和当地两种棘龙亚科恐龙——查林杰激龙（*Irritator challengeri*，也称挑战者激龙）或利玛氏崇高龙（*Angaturama limai*）的牙齿特征十分相符。棘龙一定用了很大的劲咬下去才导致牙齿断成这样。

虽然在大部分情况下，棘龙都以鱼类为食，但是同今天的鳄鱼一样，一有机会，它们也会捕食一些中型的陆地动物。有时棘龙甚至会以腐食为生。在干旱时期，它们也会攻击翼龙或者恐龙幼仔。

重量级对话

当然，当棘龙离开水边开始长途跋涉时，它很快就会发现，自己将要面对很多大型陆生捕食者。而在北非大陆上，只有一种恐龙能与其争霸，那就是鲨齿龙。

鲨齿龙虽然善于捕食，但也绝不会拒绝腐肉。既然有其他捕食者留下的免费午餐摆在眼前，为什么还要费力去捕食呢?

然而，在干旱的时节，每具尸体都是珍贵的食物。为了争夺肉食而发生的打斗变得更加常见、更加激烈，尤其是发生在棘龙和鲨齿龙这样的庞然大物之间的战斗，更是异常残酷。

这将是世纪之战。

战斗的证据

我们发现了证明这两种恐龙打斗的直接证据。2008年，科学家们在卡玛卡玛层发现了一件棘龙脊椎化石。这件化石并非来自一只成年棘龙，但它的主人也足够巨大——虽然它不是幼仔。很显然，这块脊椎在形成化石之前早已破裂，断成两截。凶手会是谁呢?

有3种可能性。

1. 棘龙躺在地上，正好被一只大型蜥脚类恐龙踩在脚下。
2. 棘龙不小心摔倒在地上，摔断了脊椎。
3. 这块脊椎可能被捕食者咬成两截。

有胆量攻击棘龙的只有可能是鲨齿龙或者棘龙。

这一咬本身并不致命，因为棘龙的后背上并无重要器官或血管，但我们并不知道它身上是否还有别的伤。也许在争夺一具豪勇龙尸体时，棘龙就会身负重伤。

1

干旱使得棘龙不得不离开河流寻找食物。它发现了地上的血迹。它能否沿着血迹找到急需的食物呢?

2

棘龙发现面前是一只站在豪勇龙身上的鲨齿龙。看到棘龙巨大的身体，鲨齿龙不由得往后退了几步，拖着自己的猎物钻入树林。

3

饥饿不堪的棘龙不得不为了生存而与对手厮杀。

巨兽之死

北非

时代的终结

棘龙本可以赢得这场战斗的，但是它所剩的时间不多了。晚白垩世，地球上发生了翻天覆地的变化。全球气候突变异常剧烈，海平面也不断上升。覆盖北非的沼泽、森林逐渐消失，棘龙也陷入了困境。为了适应环境，棘龙进化成捕鱼专家。但是当沼泽消失后，捕鱼的专长反而成了它致命的弱点。

第3章

最后的

晚白垩世，最后一代恐龙杀手行走在地球上，将捕猎技巧提升到了前所未有的高度。在这个时代，它们已经遍布世界各地——强健有力的阿贝力龙科恐龙统治了南方大陆，而北方则是霸王龙科恐龙（*Tyrannosaurids*）的天下。

杀手

暴君王者

7500万年前，西阿尔伯塔荒原不像现在这样干旱贫瘠。茂密的沼泽丛林覆盖了海岸平原，无数河流穿梭在亚热带湿热的空气中，奔向温暖的比尔帕内海——一片生机勃勃的水域。

生命在此留下独特的印记。

潮湿荫蔽的环境很适合保存成百上千的恐龙化石，现在人们把这里称作阿尔伯塔省立恐龙公园。19世纪80年代以来，在这片红鹿河谷旁仅有24千米宽的荒原里发现了超过300件恐龙化石，半数以上被保存在全球30多家著名博物馆中。迄今为止，科学家们已经在这里的沉淀岩层中找到了35种恐龙化石，还有更多的恐龙化石埋藏在地下，不为人知。对于古生物学家来说，这里简直是天堂。

然而，与20世纪90年代年末期在希尔达（Hilda）的发现相比，恐龙公园带给科学家们的惊喜还远远不够。希尔达位于梅蒂逊哈特市（Medicine Hat）北部50千米处，在萨斯喀彻温河（Saskatchewan River）岸。来自加拿大皇家蒂勒尔博物馆的科学家们在这里发现了世界最大的恐龙墓地——2.3平方千米的土地，下面埋藏着上千块有角恐龙——尖角龙的骨头。看上去，上百只恐龙是同时死去的。这是为什么呢？

主要嫌疑者

数百万年来，像鲨齿龙和马普龙这样的大型恐龙统治了陆地。但是在晚白垩世，一群新的杀手取代了它们的位置。这是一种前所未有的凶残动物，谱写了冷血杀手新的篇章。

这就是霸王龙——恐龙星球上的暴君。

霸王龙科恐龙中包括最声名远扬的恐龙，恐龙世界中无可争议的王者——霸王龙。它是由巴纳姆·布朗（Barnum Brown）在美国蒙大拿州发现的。我们很容易就能明白为什么全世界的恐龙爱好者对它如此痴迷。霸王龙直立高度6米，重6.6吨，头骨长1.5米，长有50颗香蕉大小的牙齿。它的大脑比一般的恐龙都要大，有着大量的嗅叶，因此对气味极其敏感。霸王龙眼睛面向前方，听力敏锐，可以有效地锁定猎物。

但是，霸王龙已经是霸王龙家族的最后一员了。霸王龙的化石仅埋藏在白垩纪第三期地层下30厘米处，而葬身于这一地层内的化石都是6500万年前恐龙（不包括鸟类）大灭绝时产生的。这能说明两点问题：第一，霸王龙属于地球上最后一种非飞行类恐龙；第二，它是最后一种大型肉食性恐龙——霸王龙家族的最后一员。

虽然霸王龙的祖先远不如霸王龙这样威震四方，但在各自的时代，它们也都是顶尖的猎手。它们轻轻一喷气，就会引得恐龙公园内的其他恐龙发自内心的恐惧。在阿尔伯塔的森林和冲积平原，有两种恐龙是一定要躲开的，第一种是重2.75吨的蛇发女怪龙（*Gorgosaurus libratus*），它善于用敏锐的嗅觉在亚热带森林里捕食；第二种是它体型更大、力气更壮的表亲——

▶ 惧龙（*Daspletosaurus torosus*）。

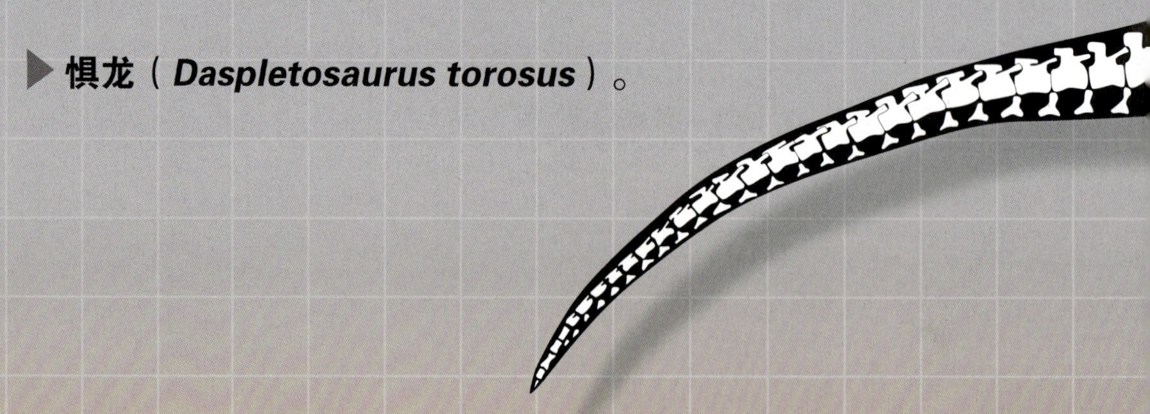

霸王龙有羽毛吗?

过去10年的发现毫无疑问地向人们证实，大多数小型兽脚类恐龙——我们统称为虚骨龙（*Coelurosaurs*）——全身都覆盖着羽毛，就像它们的后代鸟类一样。但是恐龙之王——霸王龙呢?过去人们认为，霸王龙和其他种类的霸王龙都是兽脚类恐龙，如异特龙、鲨齿龙的近亲。但现在我们知道，霸王龙科恐龙属于虚骨龙的一种。这就产生了一个疑问，霸王龙有羽毛吗?

到目前为止，没有证据表明霸王龙是有羽毛的，但在挖掘它的祖先时，人们发现这种设想是有可能的。2004年，在中国辽宁省，科学家们发现了长1.5米的奇异帝龙（*Dilong paradoxus*）。这种恐龙比霸王龙早出现6000万~7000万年，它的化石清晰地表明其颈部、身体和尾巴等部位都有羽毛覆盖。

中国科学院的徐星曾提出，在出生之初，像霸王龙这样的霸王龙头部很可能是有羽毛覆盖的，但长大成年之后就渐渐脱落了。现代的大象也有相似的转变，幼年大象也是有毛发的，但长大之后就变秃了。

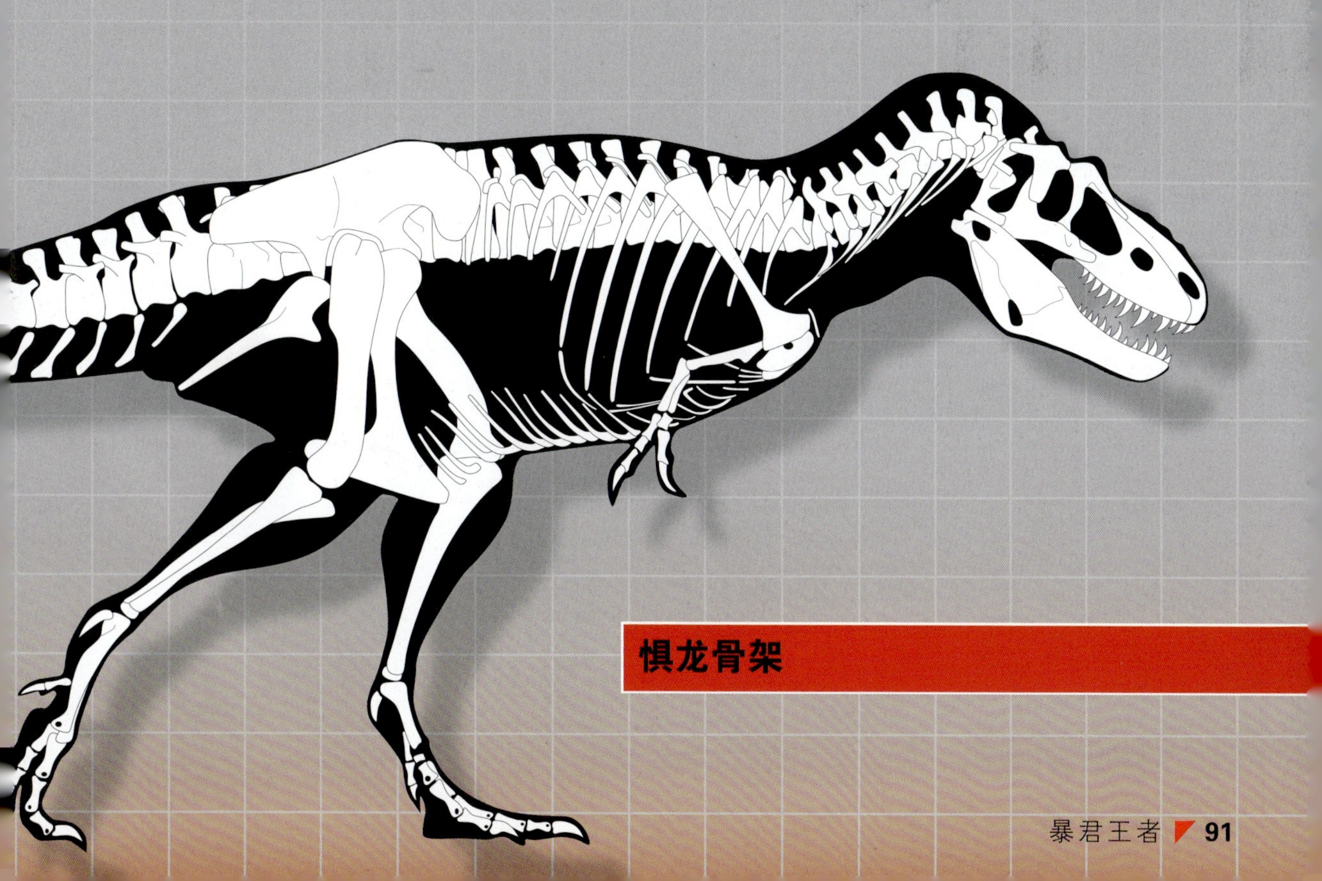

惧龙骨架

惧龙

（*Daspletosaurus torosus*）

学名解析
可怕的肌肉蜥蜴
食性
肉食性
栖息地
加拿大阿尔伯塔省，美国蒙大拿州
生活时代
晚白垩世，距今7600万～7200万年
生物分类
蜥臀目，兽脚亚目，虚骨龙类，霸王龙科
体重
2.75吨
长度
8～9米

身体

与它同时代的亲戚们（如蛇发女怪龙和阿尔伯塔龙）相比，惧龙要更加强壮结实。跟霸王龙一样，它有着强壮的S形颈部。

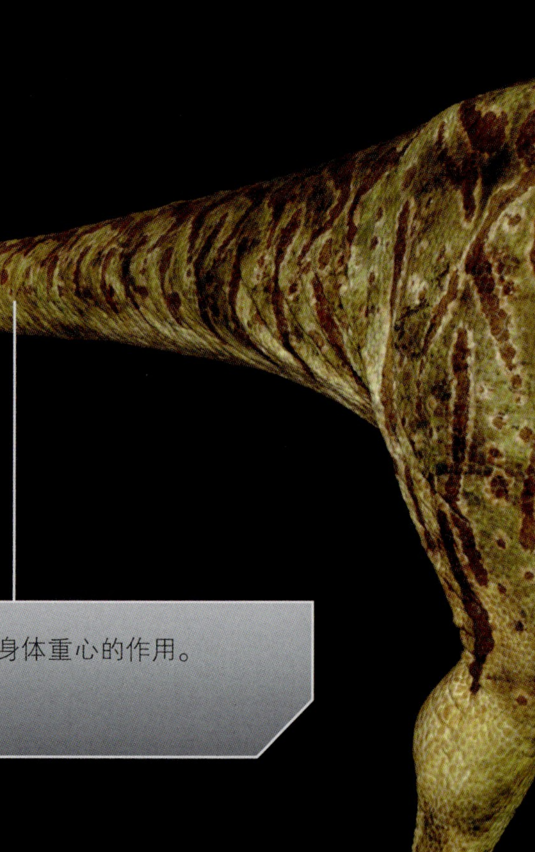

尾巴

它长长的尾巴起到平衡庞大身体重心的作用。

脚

它的脚上长有4根脚趾，其中第一根脚趾——后趾——从来不着地。

发音

dass-PLEE-toe-SAW-rus tor-RO-suss

牙齿

惧龙上下颌中的牙齿有的粗短锋利，有的巨大弯曲。大多数肉食性恐龙的牙齿纤细锋利，可以用来撕裂猎物的肉体，但惧龙的牙齿却又厚又粗又短，可以轻易咬碎骨头。这些牙齿深深植入双颌骨内，帮助它获得有史以来最大的咬合力。

头及头骨

惧龙的头骨长度超过1米，头骨上有很大的开口，我们称之为膜孔，减少了头骨质量，并为气囊和咀嚼肌提供空间。惧龙的嘴巴里充满了骨质的味蕾。这些特质都有力地确保其头骨可以承受咬死猎物时产生的巨大扭曲力。前置的眼睛提供了双筒望远镜般的视野，可以准确地判断距离。口鼻很宽，可以有效分散压力。头顶的鼻骨连在一起，也能够有效地抵御巨大的压力。

前肢

惧龙的前肢很小，但却很有力，上面长有两根趾头。

发现

1884年夏天，约瑟夫·B. 泰瑞尔（Joseph B. Tyrell）带领他的搜索队到加拿大阿尔伯塔省寻找煤炭。一天，天气炎热，他乘坐独木舟，沿着德兰赫勒的鹿河谷向下游行进。走到半路他停了下来，爬上一块陡峭的岩石。站在岩石顶端，他注意到地上有一块形状奇怪的岩石。于是，他蹲下来，小心地去除岩石上的浮土。结果，他震惊了，展现在他面前的是一件巨大的头骨化石。随后，经美国自然历史博物馆的古生物学家亨利·法尔费德·奥斯本（Henry Fairfield Osbom）确认，这件化石的主人属于霸王龙一族。他在1905年将其命名为阿尔伯塔龙（*Albertosaurus*）。很显然，阿尔伯塔龙是霸王龙的亲戚，但与霸王龙相比，其生存的年代要久远得多，体型也更小，牙齿也远没有其亲戚的那样有专长，能咬碎骨头。

很快，整个北美的科学家们都意识到，在阿尔伯塔这片远方荒野上的发掘有很高价值。美国和加拿大的博物馆纷纷派出科考队前来搜寻珍贵的化石样本。这其中，史坦伯格家族无疑是阿尔伯塔荒原上最成功的化石猎人。他们组成的4人小分队——查尔斯·哈兹留斯·史坦伯格（Charles Hazelius Sternberg）和他的3个儿子乔治（George）、小查尔斯（Charles）和里维（Levi）——发现了上千件化石。一开始，小查尔斯厌恶艰苦的科考活动，但随着他个人的恐龙发现不断增多，寻找化石的渴望让他忘记了辛酸艰苦。

查尔斯·哈兹留斯·史坦伯格

1921年，史坦伯格家族在阿尔伯塔省斯特威利旁的鹿河谷岸旁发现了一个完整的头骨和部分骨架。一开始，史坦伯格以为这是一种新发现的蛇发女妖龙——一种晚白垩世生活在当地的霸王龙，但其他科学家却对此表达了异议。这有没有可能是一只成年阿尔伯塔龙呢？

直到50年后才真相大白。经过对史坦伯格发现的化石进行仔细研究，达尔·罗素博士（Dr. Dale Russell）得出结论：这是一种新型霸王龙。在这之后，科学家们在位于阿尔伯塔省的朱迪丝河群（Judith River Group）发现了更多的惧龙化石，但它仍旧是霸王龙家族中最罕见、相关研究最少的一种恐龙。

拉帮结派

毫无疑问，惧龙本身足够强大。但是仅仅一只惧龙真的强大到能单枪匹马杀死这么多尖角龙吗?答案是否定的。这群尖角龙数量超过100只，即使是一只强大无比的惧龙，也会寡不敌众，被无数只向前冲锋的龙角打败。

但是，如果惧龙是集体作战，结果又如何呢?

2005年，阿尔伯塔大学生物科学系的菲利普·J.居里博士（Dr. Philip J. Currie）公布了自己的一项发现。在美国蒙大拿州的图·梅迪辛组地层中，人们发现了恐龙骨床。3只惧龙的化石在同一地点被发现。从它们的骨头大小判断，其中包括一只幼龙、一只成年龙和一只“半成年”龙。一般来说，霸王龙的化石都是单独被发现的，而这3件化石却靠得非常近。同样令人惊奇的是，化石旁边还有5只鸭嘴龙。地理研究表明，这几只恐龙并非被水冲刷到这里；看起来，它们真的是一起在同一时间、同一地点死亡的。另外，有的鸭嘴龙身上有清晰的被惧龙咬过的伤口。

居里博士认为这只能说明一件事——

惧龙是集体猎食的。

如果是这样，也许一群饥饿的霸王龙可以猎杀体型更大的猎物。它们甚至有能力捕杀长着致命尖角、长得像犀牛的恐龙——开角龙（*Chasmosaurus*）。

惧龙头骨

贝氏开角龙

（*Chasmosaurus belli*）

学名解析
贝氏有空隙的蜥蜴
食性
植食性
栖息地
加拿大阿尔伯塔省
生活时期
晚白垩世，距今7600万~7000万年
生物分类
鸟臀目，头饰龙亚目，角龙亚目，角龙科
体重
2吨
长度
4.5~5.5米

身体

在北美发现了逾40块开角龙头骨和骨架碎片，其中的一部分现在被认为是属于其他的角龙科恐龙的。对皮肤化石的研究发现，开角龙的皮肤上有五边或六边的叫作“皮内成骨”的瘤状突触。

1898年，加拿大地理调查小组成员兼化石猎人劳伦斯·兰布（Lawrence Lambe）首次发现了开角龙。4年后，他建议把这种恐龙划分为独角龙类，并将其命名为贝氏独角龙。独角龙是一种广受争议的有角恐龙，只有少量头部褶皱化石被发掘出来。因此，人们常常误将有角恐龙都归为独角龙或其近亲。直到1913年，史坦伯格家族发现了很多有重大价值的恐龙化石，兰布才重新思考自己之前的论断。史坦伯格家族挖掘出了一些化石，初步认定为独角龙头骨。经过进一步研究，兰布认为这种头部有褶皱的恐龙应该有属于自己的名字。他首先想到的是原龙（*Protorosaurus*），但这个名字已经被用在其他恐龙身上了。于是，他将这种恐龙命名为开角龙（*Chasmosawms*），“Chasma”在希腊文中是“开”或者“中空”的意思。

发音

KAZ-mo-SAUR-us BELL-eye

头盾

有些科学家猜想，开角龙的头盾可能是五颜六色的，既可以吸引异性，又可以有效地威胁敌人。巨大的骨质褶皱从头后边一直延展到肩部。头盾中间是两块巨大的窗户状皮质开口，也许可以帮助减轻头部质量。头盾边缘长有一些装饰性的骨头，叫作颈盾缘骨突。

角

开角龙有3个角——一个小的长在鼻子上，两个长一点的长在眉毛上，与奶牛的角有些相像。

喙

开角龙的喙中没有牙齿，但是能咬断粗糙的植物。

成群死亡

1

对于开角龙而言，像惧龙这样的大型杀手无疑是危险的对手，但是对于捕食者而言，开角龙这样危险的猎物也不是好对付的。

然而，当一只开角龙面对一群惧龙时，那就是另外一回事了。

2

一只开角龙发现在它面前的是两只惧龙——一只已成年的、一只稍年轻一点儿的。虽然数量上占有优势，但是对于这样有着重甲防御的动物，惧龙也无计可施。

3

但是，随着越来越多的惧龙加入进来，情况变得岌岌可危。

开角龙想与这5只惧龙拉开距离，但是它们一只接一只地展开了进攻。

4

开角龙不知道如何面对这样的情况，最终倒下了。

协作战斗

有些专家认为，像惧龙这样的霸王龙会进行群体捕食，但这不代表它们不会单独行动。布莱恩·罗切（Brian Roach）和丹尼尔·布里克曼（Daniel Brinkman）发现，动物群体行动是非常罕见的，仅有的几个例子是狼群和非洲猎狗，它们都进化出高度的社会体系，但很少有动物能做到这样。

有些动物看似采取群体协作的方式捕食，但是合作时间很短。以非洲鳄鱼和南美的凯门鳄为例，它们有时候会集体合作将猎物包围、捕杀、瓜分，但是也仅此一次。更多的时候，它们是捕食的竞争对手。

惧龙也是这样吗？在惧龙头骨化石上发现的抓痕和咬痕只可能是与其他霸王龙搏斗时产生的（详见第58页）。有一件头骨化石上至少有50处创伤，很有可能是另一只惧龙造成的。这些证据是否可以说明，惧龙只是偶尔才一起捕食，而且这样的团体毫无和谐可言？每次捕食成功后，它们都会为了争夺最多的猎物而打得不可开交？

团队利益

还有其他理由可以说明为什么这么多惧龙会死在一起。为了证明这一可能性，我们需要详细研究一下科莫多龙。科莫多龙是目前所知的地球上最大的蜥蜴，生活在印度尼西亚的小巽他群岛。

科莫多龙

下面介绍它们的一些捕食手段。

- 科莫多龙单独捕食。
- 一般来说，科莫多龙会对猎物造成致命伤害，通过毒牙对猎物注射毒液，然后耐心等待猎物死亡。猎物一般死于失血过多、休克、毒液或者三者皆有。
- 这时，其他动物会被尸体散发出的气味吸引而来，聚集在尸体周围。尸体很快被一群科莫多龙所包围，它们相互撕咬，散发出令人窒息的恐惧。
- 有时，科莫多龙自己也会死于争斗中，引来新的一批科莫多龙为了它们“同伴”的尸体而战斗。

那么，相同的情况会发生在美国蒙大拿州的惧龙身上吗？惧龙在杀死猎物之后还要面对同伴的争夺吗？这就是它们死亡的原因吗？难道它们都是死于食物之争？

希尔达大屠杀

1

一群尖角龙正在一年一度的大迁徙途中，它们将跋山涉水前往东边的海边低地以躲避季风带来的涝灾。远处，惧龙，这一地区体型最大的杀手，正虎视眈眈地盯着它们。

2

尖角龙拼命地逃离即将到来的大风暴，但它们出发时已经太晚了。风暴铺天盖地席卷而来。尖角龙部落正一步步靠近河流，散落在队伍边缘的尖角龙纷纷沦为惧龙的晚餐。

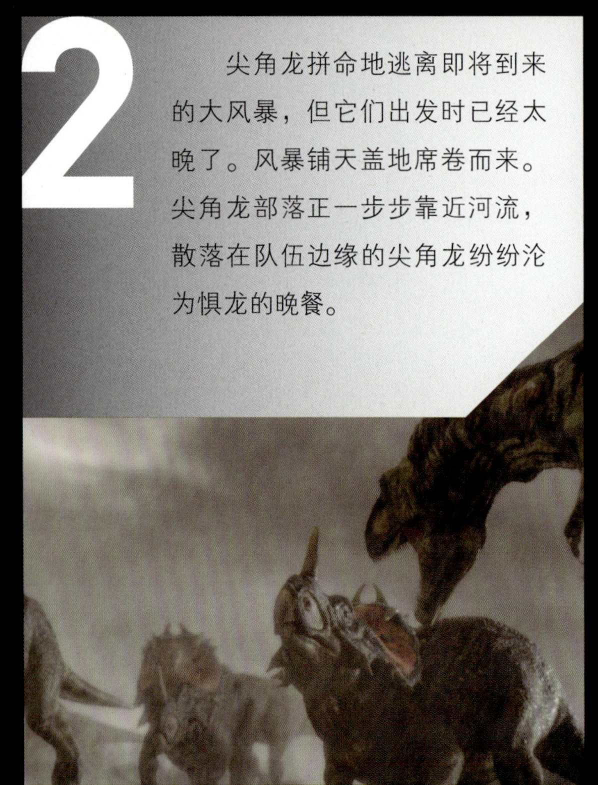

3

第一只来到河边的尖角龙停下来不肯走了。曾经温顺的河流变得湍急起来，激浪拍打着河岸。大家都驻足不前。

4

但是尖角龙困在低地，无处可逃。河流不断侵蚀着它们脚下的土地，淹没附近的平原。尖角龙跳进水里不停地踩水，想尽快逃离，可是它们沉重的身体天生不适合游泳。

5

涨潮的湍流中充满了危险。尖角龙一只只被淹死了。

6

当季风离开，潮水退去，尖角龙腐烂的尸体几乎堵塞了河道。它们被日光炙烤着，而食腐动物绝不会放过这样的美餐。当然，这其中少不了惧龙的踪影。

1980年发现的化石表明，尖角龙是集体行动的，但是没有人想到尖角龙群落会如此庞大。在希尔达，人们发现了数百只、甚至上千只尖角龙的骨头化石。即使我们相信大量尖角龙会一起行动，但这么多有角恐龙也不可能被霸王龙成群屠杀。霸王龙可能会得手一两次，但是幸存的尖角龙会有效地保护自己，甚至进行反击。

北美

走近阿贝力龙

无论气候如何，霸王龙一直是晚白垩世北半球恐龙的王者。然而南半球却是另一种杀手——阿贝力龙的天下。

这种残忍的杀手最初是1985年由阿根廷古生物学家约瑟·巴纳普特（José Bonaparte）和费尔南多·诺瓦斯（Fernando Novas）发现的。当时他们发表声明，声称发现了一种大型肉食性恐龙的头骨，并以它的发现者博物馆的负责人罗伯托·阿贝尔（Roberto Abel）的名字将其命名为阿贝力龙。这些大型兽脚类恐龙都长有极其沉重的头部、细长的双颌以及粗短的牙齿，很多恐龙的头骨上还长有角。虽然我们至今还不知道这些角有什么作用，但有人认为，它们可以用来吸引异性或者恐吓对手。有些科学家猜想，这些角能够在搏斗中冲撞对方。

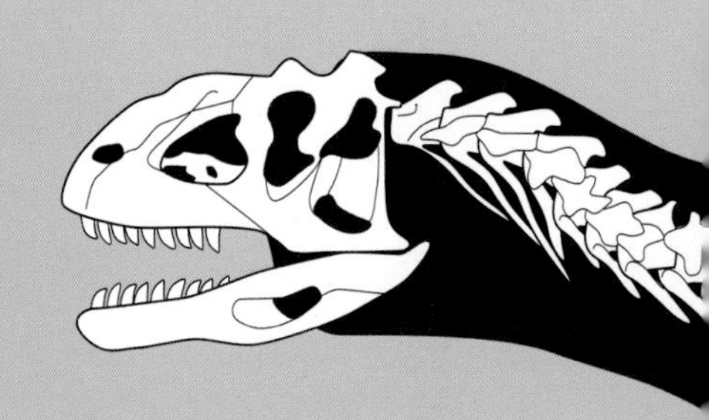

雷克斯霸王龙头骨

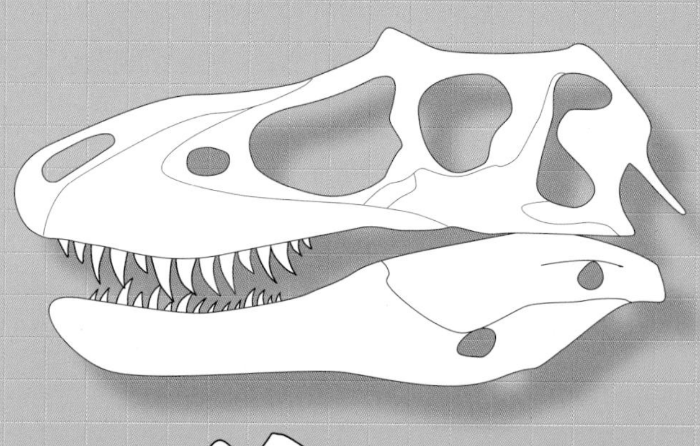

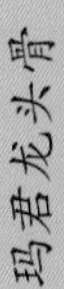

玛君龙头骨

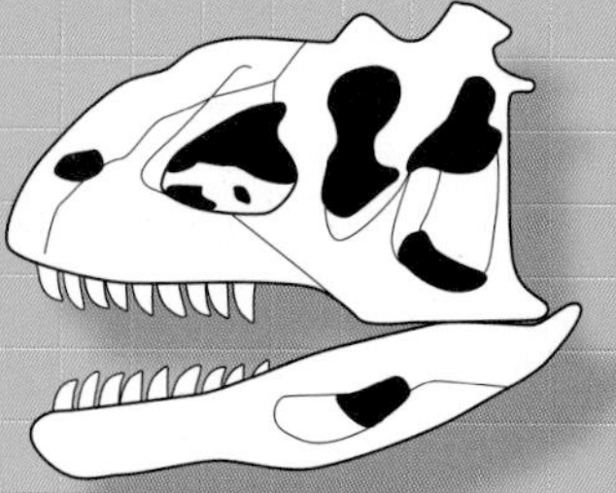

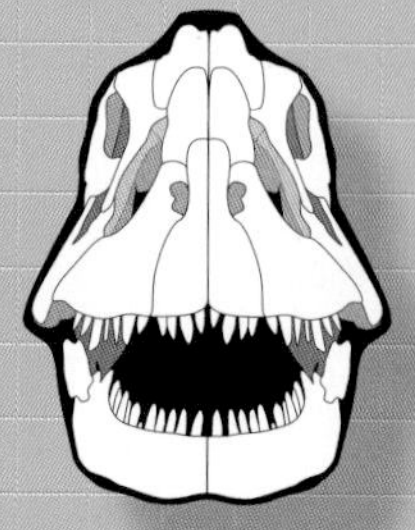

跟大多数肉食性恐龙不同的是，玛君龙的头骨又粗又宽，牙齿又短又直，说明它更善于紧紧撕咬猎物，而非咬断它们的骨头。

在非洲大陆东南侧的马达加斯加岛上，有一种阿贝力龙处于食物链的顶端。它虽移动缓慢，但是整个岛上没有别的恐龙是它们的对手。

它的名字是——

▶ **玛君龙**（***Majungasaurus crenatissimus***）。

人们一度认为玛君龙是不可侵犯的，但是在2003年，科学家们对自1990年以来在马达加斯加发现的化石进行了研究，推翻了这一结论。人们在一些玛君龙骨头上发现了牙齿的咬痕，这只可能是由另一种肉食性恐龙造成的。难道还有什么比玛君龙更厉害的恐龙吗？

当然这是有可能的。

玛君龙

（*Majungasaurus crenatissimus*）

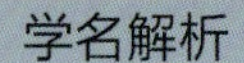

学名解析
玛君蜥蜴

食性
肉食性

栖息地
马达加斯加

生活时期
晚白垩世，距今7000万年

生物分类
蜥臀目，蜥脚亚目，阿贝力龙科

体重
2.3~2.5吨

长度
8米

肋部

从肋部的形状判断，玛君龙有一个浑圆的腹腔。

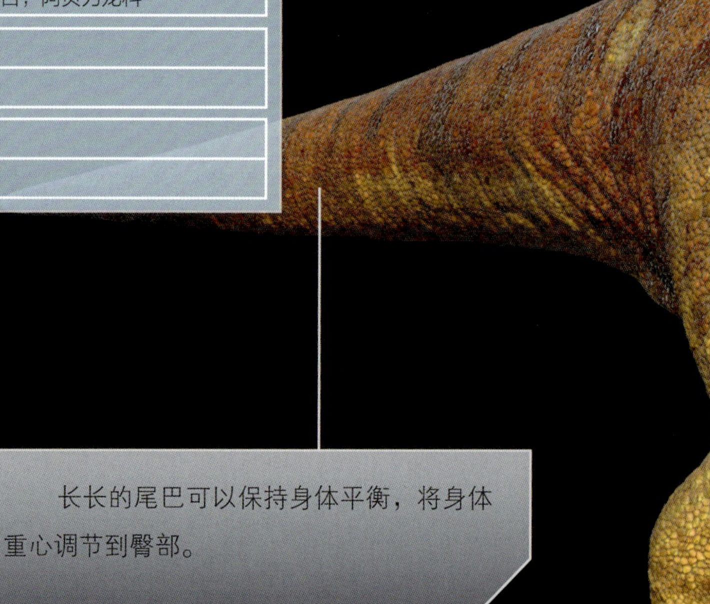

尾巴

长长的尾巴可以保持身体平衡，将身体重心调节到臀部。

发音

Mah-JOONG-ah-SORE-us
cren-at-ISS-im-us

头和牙齿

玛君龙的头骨短、深且宽，双眼之间长着一根角，也许可以用来吸引异性或恐吓敌人。与其他恐龙相比，它的大脑算是小的，很显然，它不聪明。玛君龙的口鼻非常迟钝，几块鼻骨外部很粗糙，并长在一起，以增加抗压能力。玛君龙牙齿短小，但顶部锋利。

颈部

玛君龙的颈部厚实有力，由轻质的椎骨和互相重叠的颈肋支撑着。

四肢

前肢粗短不灵活，对捕猎几乎没有用处。粗短的手指指骨部分连接在一起，说明它的手指基本上不会动。玛君龙的后肢出奇地短，所以它跑得很慢。但这并不影响其捕食，因为在马达加斯加岛的茂密丛林里，玛君龙的主要捕食对象——巨大粗笨的泰坦蜥脚类恐龙跑得也很慢。

逐一排除嫌疑者

到底是谁杀死了玛君龙这样的杀手？

2003年，美国明尼苏达州圣保罗市马卡莱斯特学院的地理学家莱蒙德·罗杰斯（Raymond Rogers），他的妻子、明尼苏达科学博物馆的馆长克里斯蒂娜·居里（Kristina Curry）以及纽约大学石溪分校的解剖学教授大卫·克劳斯（David Krcvuse）3人详细研究了10年前发现的玛君龙化石。他们列出了一份嫌疑者名单。

嫌疑者1：诺弗勒恶龙（*Masiakasaurus knopfleri*）

▶ 2001年由古生物学家斯科特·桑普森（Scott Sampson）命名的一种长相古怪的兽脚类恐龙

这是一种重约40千克、高约2米的小型肉食性恐龙。它的前牙几乎水平地伸出下颌。但是，这种恐龙充其量不过是一条稍大的犬类，怎么可能击败如此巨大的玛君龙呢？而且它的牙齿跟骨头上的痕迹也不符。

▶ 结论：无罪

嫌疑者2：马任加鳄（*Mahajangasuchus insignis*）

▶ 1998年发现的大型鳄鱼

它有着一口粗钝、锥状的牙齿，可以死死咬住猎物。虽然它们很强健有力，但是这样粗钝的牙齿很难对骨头造成多大的创伤。

▶ 结论：无罪

嫌疑者3：遗忘针鳄（*Trematochampsa oblita*）

▶ 另一种巨大的史前巨鳄

同马任加鳄一样，遗忘针鳄的牙齿大小不一、形状不一，而且个体之间的大小体重区别也很大，因此用单个标本的牙齿大小来比对玛君龙化石上的咬痕有失偏颇。更重要的是，迄今为止没有发现哪件遗忘针鳄标本的牙齿是锯齿状的，而这却是科学家在玛君龙化石上发现的。

▶ 结论：无罪

嫌疑者一个个地被排除了，留给人们一个可怕的也是唯一的解释。在马达加斯加岛上，没有其他动物可以造成这样规模的伤口，除了玛君龙自己。

绝望时刻

科学家们一直怀疑恐龙中间会有同类相残的行为发生，但是没有证据来证明这一观点。现在，冰冷冷、血淋淋的事实呈现在人们眼前。但玛君龙这样高效的杀手怎么会沦落到如此境地呢？答案很简单：饥饿。在7000万年前，马达加斯加就是一个岛，但是远比今天炎热。虽然涝灾时有发生，但更为致命的是动辄长达数月的旱季。大河很快就蒸发殆尽，变成涓涓细流，小水塘也变得干涸。即使玛君龙善于捕食，但如果猎物都因为干旱而渴死了，它们还吃什么？玛君龙别无选择。当喝光了土地上的每一滴水，吃光了每根骨头，剩下唯一可以食用的就是自己的同类甚至家人了。

今天的同类相残

这种行为现在仍然发生着，其中食用同类最频繁的是如下几种动物。

- 黑猩猩
- 科莫多龙
- 狮子
- 响尾蛇
- 赤狐
- 虎纹钝口螈

小玛君龙和它们的母亲正在食用同类

恐怖的同类相残

马达加斯加

极地恐龙

无论是团体作战还是同室操戈，最成功的捕食者永远是那些能适应各种环境、各种栖息地的恐龙。晚白垩世的北方极其寒冷，但是那里却孕育出了成功的捕食者。每当提起恐龙化石，人们通常会联想到美洲的荒野或非洲的沙漠，没有人会想起环境恶劣的阿拉斯加。

20世纪，古生物学家们普遍认为中生代时期的北极圈大陆环境十分残酷，恐龙不大可能在这种极寒环境下生存。但是人们却在这里一次又一次发现了化石的踪迹，例如，地理学家罗伯特·里斯克本（Robert Liscomb）在1961年就挖掘出一些恐龙残骸。这些化石是在壳牌石油组织的一次探索活动中发现的，地点在科尔维尔河附近。这里是阿拉斯加的最北端，被称作阿拉斯加北坡。里斯克本认为这些化石属于生活在200万年前冰川时代的生物，于是打算把这些标本运回他的办公室，准备回去后加以研究。不幸的是，一年之后，里斯克本死于一次山体滑坡，他的收藏也随之被锁在一间仓库里长达25年。

20世纪80年代中期，壳牌石油的工作人员决定清理一下仓库，却意外发现了这些被遗忘了20多年的化石。他们把这些化石打包寄给了美国地质调查局。古生物学家查尔斯·瑞普宁（Charles Repenning）一眼就看出这些是恐龙化石，并把它们命名为埃德蒙顿龙（*Edmon-tosaurus*），意思是长着鸭子嘴巴的恐龙。

大概在同一时间，来自美国地质调查局的亨利·罗勒（Henry Roehler）和加利·斯特里克（Gary Stricker）在阿拉斯加西北部寻找恐龙骨化石和皮肤化石。他们找到有力证据证明，距今7500万～7000万年，也就是恐龙大灭绝前500万年，在阿拉斯加地区的确生存过很多恐龙。

7500万年前，阿拉斯加比今天更靠近北极。虽然说当时的气温要稍高于今天，但对恐龙而言，北极的冬季可以称得上是难以逾越的鸿沟了。现在，由于地球自转，北半球夏天来到时，阿拉斯加的北坡能够享受到数月稳定的阳光照射；但是当冬天降临，北阿拉斯加将面临长达6星期的极夜。晚白垩世气候变化的剧烈程度与之相比有过之而无不及。

北阿拉斯加的今与昔

	现在	白垩纪
与北极点距离	2400千米	560千米
气候	最高温3.3摄氏度 最低温1摄氏度	最高温13摄氏度 最低温3摄氏度
生态环境	冰雪覆盖的冻土平原	大地上分布着落叶类松树，下层植被为开花植物和蕨类植物
冬天	6周极夜	4个月极夜

埃德蒙顿龙

（*Edmontosaurus regalis*）

学名解析
来自埃德蒙顿的超大号蜥蜴

食性
植食性

栖息地
北美

生活时期
晚白垩世，距今7100万~6500万年

生物分类
鸟臀目，鸟脚亚目，禽龙类，鸭嘴龙科

体重
4吨

长度
9米

身体和脊背

埃德蒙顿龙的脊背在肩膀处向下凹陷，颈部长而灵活，说明它善于把头低下来寻找地面上低矮的植物。在没有多少树叶的生存环境中，这种本领很重要。皮肤化石显示，埃德蒙顿龙体外有一层皮质鳞。一行柔软的背峰从颈部底部一直延展到尾巴末端。

发现

人们对埃德蒙顿龙的认识过程漫长而且复杂。

1891年，在美国怀俄明州发现了第一批埃德蒙顿龙残骸。1年后，奥赛内尔·查利斯·马什（Othniel Charles Marsh）将这些恐龙命名为破碎龙的一种，叫*Claosaurusannecten*（他曾经把叫作*Claosaurusagilis*的恐龙命名为*Claosaurus*，即破碎龙），但多数科学家并不同意这种观点。很多鸭嘴龙都是根据挖掘出的部分残骸得名，这其中哪些真的不同类、哪些同类但错误地被赋予了不同的名字，专家们也不能达成一致意见。一些人将破碎龙的一种命名为双芽龙（*Diclonius*），其他人却认为双芽龙属于强龙或糙牙龙（*Trachodon*）。同时，强龙和糙牙龙这两个名字也曾经被用来指代挖掘出的双芽龙和破碎龙。1917年，劳伦斯·兰布研究了这些化石和在加拿大阿尔伯塔省埃德蒙顿组发现的两部分骨架。他将这种恐龙命名为埃德蒙顿龙。后经证实，破碎龙就是埃德蒙顿龙的一种。如今，马什当初命名的恐龙被认定是*Edmontosaurus annectans*。人们还不确定这些化石更多地属于哪些鸭嘴龙。

发音

ed-MON-to-SORE-uss Reg-al-iss

头

埃德蒙顿龙的头骨有1米长。与其他鸭嘴龙不同的是，它的头顶上没长骨冠。突出的面颊可以用来储存没来得及咽下的植物。

鼻子和嘴巴

埃德蒙顿龙鼻孔巨大，周围有一圈凹陷。这里面可能储存像气球一样的气囊，当空气被吸入时，这些叠在一起的松弛的皮肤就能撑开。这种结构可以发出巨大的声音，可以吸引异性或为族群发出预警。埃德蒙顿龙粗糙的鸭嘴可以很容易地撕咬植物。虽然没有一般意义上的牙齿，但是它的下颌牙床却有上千颗小牙，旧的牙齿脱落后会很快长出新的。

腿

埃德蒙顿龙可以仅凭借强健的后腿站立起来去够取高处的树叶。尽管前肢比后肢短，但大部分时间里它们仍然依靠四肢行走。蹄状的脚适合穿越各种地形。

受伤的牙齿

生活在更南部地带的埃德蒙顿龙必须想办法对付霸王龙，而它们北阿拉斯加的兄弟们要应对的捕猎者体型却要小得多。

伤齿龙（*Troodon formosus*）

1856年，科学家约瑟夫·莱迪（Joseph Leidy）研究了一颗叶形的锯齿状牙齿，并将这种恐龙命名为伤齿龙，意思就是受伤的牙齿。可是，当时人们在北美还很少发现恐龙的踪迹，莱迪还以为自己发现了一件蜥蜴化石。将近50年后，也就是1901年，科学家们才意识到这是一只恐龙。但是他们还是不知道该如何对这只恐龙进行分类。

20世纪30年代初，伤齿龙的其他部分最终在阿尔伯塔被发掘出来，包括爪子碎片、脚和尾巴。经过研究，查尔斯·R.史坦伯格认为这是一种与鸟类似的兽脚类恐龙，并将其命名为细爪龙（*Stenonychosaurus*）。又过了50年，越来越多的证据显示，伤齿龙和细爪龙实际上是同一种恐龙。因为伤齿龙这个名字最先被使用，所以国际上统一用这一名称来代替细爪龙。

随着更多的化石被挖掘出来，关于伤齿龙的问题仍然争论不休。人们在整个北美大陆上都发现了伤齿龙的踪迹，从北方的阿拉斯加到南方的得克萨斯州和新墨西哥州。争论的焦点是：是否发现的每一件化石都属于同一类恐龙。

伤齿龙骨架

世界上最聪明的恐龙

虽然关于名字和物种的争论从未停止过，但是科学家们一致认为，伤齿龙是一种聪明的恐龙。根据伤齿龙的头骨，人们发现它拥有一个（对于恐龙来说）非常大的大脑，其与身体的比例远远超过中生代的其他恐龙。科学家用IQ——即比对大脑质量和身体质量来量化恐龙的智慧，再把这些指数与其他动物的进行比较。2.0的IQ比说明，相同质量的两只恐龙中，前者大脑质量是后者的两倍。

人类的IQ值为5.07～8.0（采用不同的IQ比会产生不同的结果），比绝大多数（不是所有的）动物的都要高。IQ值跟人类最近的是宽吻海豚，为3.6，卷尾猴为2.52，非洲象为0.68，而河马只有可怜的0.27。

大多数恐龙的IQ都不高，三角龙（*Triceratops*）为0.2，像长颈巨龙（*Giraffatitan*）这样的大型恐龙只有0.1。与此相比，伤齿龙0.8的IQ值算是很高的了。在美国阿拉斯加州捕食它们的埃德蒙顿龙的IQ值约为0.47。

伤齿龙

（*Troodon formosus*）

学名解析
受伤的牙齿
食性
杂食性
栖息地
北美、加拿大、阿拉斯加
生活时期
晚白垩世，距今7100万~6500万年
生物分类
蜥臀目，兽脚亚目，虚骨龙次亚目，手盗龙类，伤齿龙科
体重
100千克
长度
4米

身体

在中国发现的一件保存完好的伤齿龙化石表明，这种恐龙像鸟类一样，浑身长满了羽毛。在寒冷的北极圈，这身羽毛是非常有用的。

父亲的照顾

在美国蒙大拿州的坎帕阶时期形成的图·麦迪逊组地层（Two Medicine Formation），科学家们不仅发现了大量伤齿龙的牙齿化石，也发现了它们的巢穴。巢穴里还有伤齿龙蛋，其中至少一部分蛋内已经孕育了胚胎。由此我们就可以了解伤齿龙是如何繁衍后代的。它们每天产两个蛋，直到产满24个，紧紧地摆放在巢穴里。父母中一方或者双方坐在巢穴上，保持巢穴温度，或者守卫警戒。有些专家认为，孵化的工作是由雄性伤齿龙来完成的。孵化期间，当伤齿龙父亲执行警戒任务的时候，母亲会出去觅食。

发音

TRUE-o-don for-MOW-suss

牙齿

牙齿结构不仅适合撕咬肉类，也适合咀嚼植物。

头

前置的两个大大的眼睛为伤齿龙提供了宽广的视野。也许是为了处理大量的视觉信息，伤齿龙才会进化出超乎寻常大小的大脑。伤齿龙的中耳腔非常大，说明它的听力像视力那么好。

四肢

伤齿龙的长腿非常适合于奔跑。它的爪子上长着3根趾头，非常灵活，能牢牢地抓住挣扎的猎物。它的前掌向内，可以帮助快速抓住很小的猎物。脚上第二根脚趾呈镰刀状，在奔跑的时候不会着地，但是进攻的时候能给对手带来巨大创伤。

强身健体

2008年，达拉斯自然科学博物馆的托尼·费奥里洛（Tony Fiorillo）研究了发现于美国阿拉斯加北坡科尔维尔河的伤齿龙化石，并和加拿大阿尔伯塔省、美国蒙大拿州的伤齿龙化石进行比较。他发现，在阿拉斯加发现的伤齿龙化石比它们南方“亲戚”的要大50%。由于通常情况下牙齿大小是与身体大小成比例的，费奥里洛估计，阿拉斯加伤齿龙比南方伤齿龙大一倍。

但是，通过对比牙齿上的磨损情况，费奥里洛发现南北方伤齿龙的食性并无不同——它们都是杂食动物。那么，为什么北方的伤齿龙会长得这么大呢？

沉睡的巨人

晚白垩世，阿拉斯加的气候环境比今天恶劣。冬天的夜晚寒冷而又漫长，会持续数月之久。埃德蒙顿龙这样的鸭嘴龙在冬天不会迁移。当族群中有幼龙的时候，因为幼龙很难度过漫长的迁徙岁月，它们会尽量留在原地。

在漫长的冬季里，鸭嘴龙也不需要担心伤齿龙的袭击，它们只需要注意体型更大的捕食者就可以了，如10米长的蛇发女妖龙。

但是，入夜之后就不一样了。

眼观六路

除了大脑比较大之外，与体型相似的动物相比，伤齿龙的眼睛也很大。就现代动物而言，大眼睛意味着在暗光条件下（就像阿拉斯加的夜晚）视力会更好。

有没有这样的可能，凭借着大眼睛和优秀的夜视能力，伤齿龙可以在夜幕下捕食，趁埃德蒙顿龙睡觉的时候偷袭它们的巢穴，盗取它们的幼仔呢？

看来，这就是阿拉斯加伤齿龙的特殊捕食技巧，凭此它们才能在北方酷寒下繁衍生长，体型大大超过它们的南方表亲。

夜行侠

1 一群埃德蒙顿龙在夜间安然入睡。它们紧紧地靠在一起取暖。

2 3只伤齿龙慢慢包围住埃德蒙顿龙，伺机发动袭击。埃德蒙顿龙察觉到危险，醒了过来。成年埃德蒙顿龙紧紧围住幼龙。可伤齿龙还是找准机会钻了进去，引起一阵恐慌。

3 一只幼年埃德蒙顿龙犯下致命错误，在惊慌失措中脱离了大部队的保护。伤齿龙迅速追了上去，展开攻击，咬住它的颈部和腿。

4 幸好帮手来了。一只成年埃德蒙顿龙冲过来，怒吼着驱赶伤齿龙。

阿拉斯加

同为霸王龙家族的一分子，阿贝力龙或者伤齿龙都是凶残的机会主义者。它们在长期的斗争中进化出必要的生存本领。

下一章我们将看到恐龙的捕食习性是如何为了适应环境而改变的。

第4章

伟大的

侏罗纪时期，陆地和海洋孕育了第一批巨型杀手。但猎物和猎手都会根据实际情况进化以谋求生存，运用独特的策略来赢得这场永恒的战争。这些动物注定成为生存者。

生存者

大海怪

在侏罗纪海洋汹涌的波涛下，扁蛟静静地趴在水底，用沙子伪装自己。它使劲扭动身体，搅起身边的沙子，沙子缓缓落下，覆盖住它的身体。它将在这里耐心等待猎物落入圈套。这样的捕猎方式屡试不爽，以至于1400万年后，它的后代仍旧采取相同的办法捕食。

可是，这只扁蛟却没能幸免遇难。

在它身后，一个巨大的鼻子插入沙层，有个大海怪冲向扁蛟。惊慌失措的扁蛟从隐藏的地点抽身，全力逃跑，但是已经来不及了。巨大的双颌已经紧紧咬住了它。

捕食者X

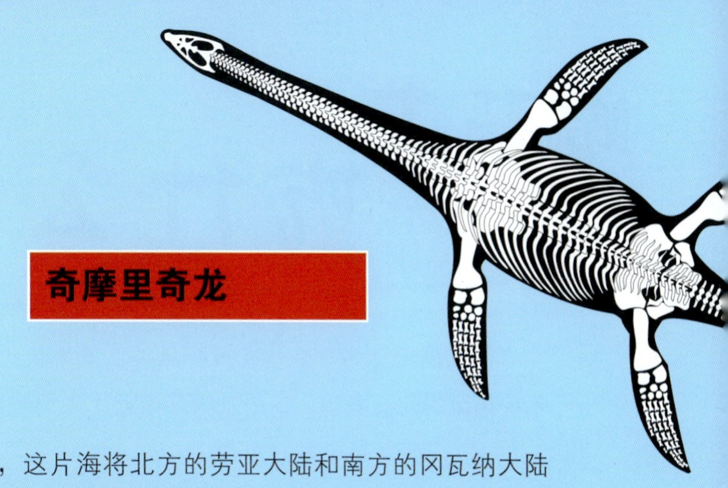

奇摩里奇龙

侏罗纪时期，欧洲大陆被特提斯海淹没，这片海将北方的劳亚大陆和南方的冈瓦纳大陆分隔开。这是一片浅海，跟今天的巴哈马热带海洋差不多。

特提斯海生机勃勃，海里生活着百万种鱼类、乌贼、甲壳动物和海洋爬行动物。其中最成功的是一种四鳍短尾的叫作蛇颈龙的动物。

1821年，玛丽·安宁（Mary Anning）在位于英格兰的莱姆里吉斯发现了蛇颈龙。从那之后，人们就被它深深吸引住了。正是受它怪异外形的启发，从苏格兰的尼斯湖到巴塔哥尼亚的拉古纳内格拉湖，世界各地有很多人声称曾经看见过居住在湖里的怪物。但是无论你相信不相信尼斯湖水怪或其他传说，真实的蛇颈龙都远比传说的要吓人得多。

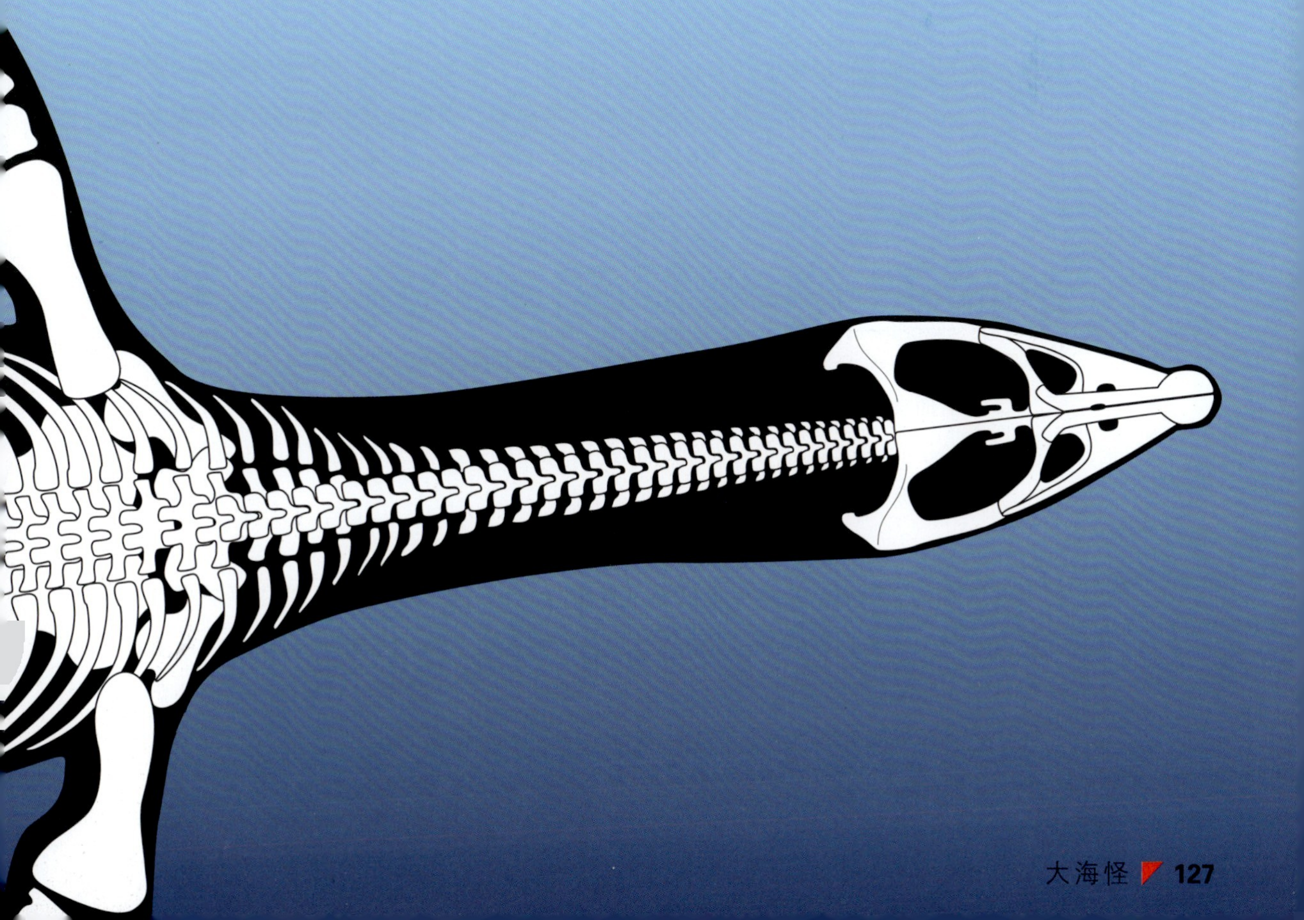

蛇颈龙吃什么？

早期研究认为，蛇颈龙只吃鱼类，依靠长长的颈部可以抓住速度很快的猎物。但是2005年挖掘出的化石表明，蛇颈龙的菜谱远比人们想象的更多样化。

昆士兰博物馆的阿利克斯·考克（Alex Cook）、纽卡斯尔大学的科林·麦克亨利（Colin McHenry）以及悉尼大学的史蒂夫·沃尔（Steve　Wroe）在昆士兰发掘出一只长6米的薄板龙，得出了前文提到的观点。颈部极长的薄板龙是生活在白垩纪的一种特殊的蛇颈龙，一些薄板龙的颈部比身体和尾巴加起来还要长一倍，这也许是世界上颈部最长的动物了。

人们一直认为，薄板龙与其他蛇颈龙一样，也只是依靠鱼类、乌贼为生，但由于受颈部转动角度的限制，它的灵活程度大大减弱。科学家们在很多北美薄板龙化石的腹中发现了几块鱼骨化石，证明薄板龙是食鱼动物。除了鱼类，人们还发现了石头。也许石头可以帮助这些海怪控制浮力，像压舱物一样防止身体浮出水面。

钟爱贝壳动物

但是在昆士兰发现的薄板龙却有点不同。这只1.1亿年前的恐龙胃部存有破碎的蜗牛和蛤壳，小肠和直肠中还包含更多的壳类动物残余。看起来，这些是薄板龙消化之后未来得及排出的残余。可是这些贝壳碎片却让人生疑，薄板龙的牙齿又细又锋利，但是它的上下颌却不够强壮，无法咬穿这些软体动物坚硬的外壳。

石头的作用

答案就藏在薄板龙肚中被打磨过的鹅卵石里。这些鹅卵石也叫胃石。调查小组得出的结论表明，薄板龙捕食时，它们会紧贴着海床游弋，长长的颈部几乎要触碰到海底。然后，它张开嘴巴，用细长的牙齿划过海底淤泥，吃进所有的蜗牛、螃蟹和蛤。随后，胃里的鹅卵石会把这些动物绞成碎片。

科学家们对昆士兰博物馆里保存的另一件薄板龙化石进行了研究，提供了更多证据来证明上文提出的观点。人们在它的肠子里发现了135块胃石，一些石块在恐龙死之前就在里面了，还有一部分是来自距薄板龙死亡地点288千米的火山岩。数年来，薄板龙一直在自己的消化系统里存储鹅卵石。更重要的是，它的胃里也有螃蟹的残余。

奇妙的悬崖

20世纪90年代末，人们在瑞士一处悬崖的奇怪的泥岩凹槽处发现了更多的证据来证明薄板龙的这种生活习性。这整块悬崖就是一块巨大的化石，它原本是侏罗纪时期海底一块凸起的岩石。悬崖上遍布大小沟壑，有些宽达60厘米，长9米。这些痕迹很有可能是薄板龙搜寻软体动物时嘴巴划过海底留下的痕迹。

充满竞争的海洋

但这种观点并不认为薄板龙完全不吃鱼类和乌贼。事实上，薄板龙和其他蛇颈龙是非常成功的。马普龙和棘龙的故事告诉我们，越专一的捕食者就越难应对环境的变化。侏罗纪时期，蛇颈龙是海洋中最成功的杀手之一，但是到了白垩纪，海洋孕育出越来越多以鱼类为生的大型凶残杀手。因此，在竞争激烈的大海中，捕食海底软体动物的本领可以保证薄板龙不会饿着肚子。捕杀食物的时候，它长长的颈部可以算得上是功能多样的好工具。

鹅卵石

蛇颈龙捕食留下的痕迹

奇摩里奇龙
（*Kimmerosaurus langhami*）

学名解析
奇摩里奇的蜥蜴

食性
肉食性

栖息地
欧洲海洋

生活时期
晚侏罗世，距今1.47亿年

生物分类
蛇颈龙亚目，蛇颈龙类，浅隐龙科

体重
1.1吨

长度
6米

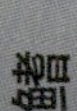

鳍

长长的翅状鳍和有力的肌肉可以使奇摩里奇龙以很高的速度前进。它游泳的姿势很像今天的企鹅，前鳍不灵活，主要用来调节方向。

发音

KIM-uhr-o-SORE-uss LANG-uhm-ie

颈部

奇摩里奇龙的颈部非常长，包含29～76块独立的脊椎骨。科学家们认为，长长的颈部可以帮助它们捕捉猎物，也可以在高速状态下降低前进速度。

头

三角形的头部长有宽扁的鼻子，嘴巴里有多达72颗细长内弯的牙齿。

身体

目前只有少量奇摩里奇龙的脊椎化石和一件头骨化石被发掘出来，所以我们还不知道完整的奇摩里奇龙骨架是什么样子的。因此，科学家们基于对已知奇摩里奇龙的近亲的认识，做出了科学的猜测。奇摩里奇龙的背骨僵硬，肋骨沉重，大量肩骨和骼骨呈盘状，这说明它的身体很僵硬。奇摩里奇龙是两栖动物，必须定时浮出水面换气。

海洋中令人恐惧的怪兽

蛇颈龙也许可以算得上是适应能力很强的，但它绝不是侏罗纪海洋中的王者。2006年，人们发现了迄今为止在海洋中生存过的最可怕的捕食者。

人们在距北极点1399千米、位于挪威斯瓦尔巴群岛的斯匹茨卑尔根岛上发现了这只怪兽。奥斯陆大学的古生物学家尤恩·哈拉姆（Jorn Hurum）领导的科考小组被这座岛上保存的大量古海洋生物遗骸所吸引。结果，他们却在永久冻土层中发现了巨大的上龙头骨。上龙是一种短脖蛇颈龙，它们中有些是像奇摩里奇龙这样的长脖蛇颈龙的近亲。和长脖蛇颈龙一样，上龙主要依靠鱼类和乌贼为生，但它们也十分强大，可以捕杀长脖蛇颈龙或其他海洋捕食者，如鱼龙。有些上龙可以长到11米长。在斯匹茨卑尔根岛上发现的这只上龙体型比较大——比以前发现的都要大。

由于北极圈环境恶劣，哈拉姆带领的小组只在斯匹茨卑尔根岛停留了短短的1个月，从7月末到8月末。在第二年的7月，他们又回到这里，挖掘出2000多件骨头化石。这项工作不仅费力，而且危险，因为他们得小心周围的北极熊。

哈拉姆带领的小组还给发现的海怪取了个更霸气的名字——

▶ **捕食者X（*Predator X*）**。

捕食者X
（*Predator X*）

学名解析
无

食性
肉食性

栖息地
欧洲海洋

生活时期
晚侏罗世，距今1.47亿年

生物分类
蛇颈龙亚目，蛇颈龙类

体重
50吨

长度
15米

嗅觉

像捕食者X这样的水下猎手都依靠敏锐的嗅觉来捕食。通过研究上龙的头骨化石，人们发现它的内鼻孔长在嘴巴的顶端。它们游泳的时候，水通过咽喉进入，然后从上方的鼻孔排出去。鼻孔在排水的过程中能获取有关气味的信息。

鳍

跟其他蛇颈龙一样，捕食者X靠两只翅状的鳍游动。

发音

PRED-at-OR EX

身体

捕食者X身体强壮，肌肉发达，躯干呈水滴状。

头骨和颈部

捕食者X的头骨有霸王龙的两倍大。对捕食者X头骨的CT扫描结果显示，它的大脑大小和形状都和现代的大白鲨差不多。粗短、有力的颈部支撑着它巨大的头部。

嘴和颌

捕食者X的上下颌长达3米，可以咬碎骨头。它的牙齿长约30厘米，坚固的牙龈可以保证其捕猎时牙齿能稳固地镶嵌在颌骨中。

机器杀手

让科学家诧异的是，捕食者X游泳的时候要用到所有4只鳍，这与人们目前知道的所有生物都不一样。现生生物，如海狮和海龟，都只用一对鳍划水前进，用另一对鳍控制方向。

由于捕食者X和所有的生物都不一样，研究人员决定自己制造一个模型。他们邀请美国瓦萨尔学院的约翰·隆（John Long）制造一个机器人来模拟捕食者X的游泳技巧。于是，约翰·隆制造了一个名为玛德琳（Madeline）的机器人，它可以游泳，但只有一个枕头大小。一开始，根据程序指令，玛德琳只用两只鳍游泳，随后调整为使用全部4只。不出所料，4只鳍果然比两只游得快，但是游得更快的代价是需要耗费更多的能量。

因此，有的科学家认为捕食者X平时还是用一对鳍游泳，只在需要加速的时候才会用上全部4只。据估计，正常情况下，捕食者X游泳的速度约为4米每秒，全力加速时能达到5米每秒。像奇摩里奇龙这样的小型蛇颈龙的游速约为3米每秒。所以当奇摩里奇龙遇到捕食者X的时候，只能想其他办法逃难了。

通常情况下，捕食者X只用前鳍游泳，但是在特殊情况下，它也会用上后鳍，使游速达到5米每秒。

浅海天堂

1

一群奇摩里奇龙在开阔的海域里追赶鱼群。但螳螂捕蝉，黄雀在后，它们被潜伏在附近的一只捕食者X盯上了。发现危险后，奇摩里奇龙开始四散逃命。

2

捕食者X一米米地缩短自己与奇摩里奇龙之间的距离，鳄鱼一样的双颌已经准备开始进攻。奇摩里奇龙唯一的希望就是尽快躲进浅海的避难所。

3

在浅海中，捕食者X无法自由行动，巨大的身体在这儿很容易搁浅。

安全无忧

对于蛇颈龙来说，利用浅海作为避难所的技巧关乎到它们的生死。2005年的一项研究发现，蛇颈龙也曾使用浅海来保护它们的幼仔免遭捕食者的威胁。

马伊龙化石
维嘉岛

由美国南达科塔矿业学院和地理博物馆的詹姆斯·E.马丁（James E. Martin）、东华盛顿大学的朱迪·卡斯（Judd Case）以及阿根廷拉普拉塔博物馆的马塞洛·里圭罗（Marcelo Reguero）领导的一支考察队冒着北极113千米每小时的大风，挖出了一只幼年蛇颈龙的化石。经确认，该蛇颈龙为马伊龙。在维嘉岛的桑德维奇布拉夫地区发现的这块几乎完整的骨架长1.5米，被埋藏于晚侏罗世的岩层中。如果活到成年，这只恐龙会长达8米。

人们在马伊龙周围还发现了大量无脊椎海洋生物，也就是说，这里曾经是一片浅海。这件化石并不孤单，在其附近还有其他身份不明的幼龙化石。也许，蛇颈龙把浅海当作孕育幼仔的场所，幼年蛇颈龙一直待在这片相对安全的海域，直到它们成年。

不幸的是，这里还存在大量的火山灰。浅海虽然可以阻挡捕食者X的攻击，却不能保护幼仔免受海底火山喷发的威胁。

深海攻击者

然而，蛇颈龙幼仔不可能永远躲在浅海里，它们终究有一天会长大，并游到深海进行大探险。至少在那里，火山喷发是最不需要担心的事。

蛇颈龙化石在全球各地都曾被发现过，同样，它们身上的咬痕也十分常见——深入骨髓的咬痕。一些蛇颈龙在遭遇如此重创后存活了下来，但不是所有蛇颈龙都这么幸运。大量的骨架被大型捕食者撕成了碎片。

有一件化石更是让人感到不寒而栗。1981年，科考人员在澳大利亚昆士兰中北部雅布溪旁的托勒布科组地层发现了一个受损严重的费雷斯诺龙（*Eromangasaurus*）头骨，头骨下面仅和5根脊椎骨连着，也就是说，

它的整个身体不见了！

经过研究，这只恐龙的死因逐渐明了。这只费雷斯诺龙是在被捕食者咬中要害之后死掉的，这一咬将它的身体和头部完全分开。也就是说，攻击来自于下方。这似乎可以表明，像今天的大白鲨一样，捕食者X也是从下方冲出来攻击猎物的。

这些化石都保存在深水区的沉积层里。深水区有丰富的食物供蛇颈龙食用，但也充满了危险。

断头之痛

1

一只奇摩里奇龙安详地漂浮在水面，享受着新鲜空气。在它下方，一只捕食者X捕捉到了它的气味。

2

对危险一无所知的蛇颈龙还在水面捕食……捕食者X突然进攻，4只鳍一起加速，撞向奇摩里奇龙，将它肺内空气都挤压出去。

3

从震惊中缓过神来的奇摩里奇龙拼命逃离。捕食者X再次出击，咬掉了它的一只鳍。

4

奇摩里奇龙大量失血，游向浅海寻求避难。但捕食者X没有放手，再次张开大嘴……

5

……然后跃出海面，死死咬住奇摩里奇龙……

6

奇摩里奇龙的颈部瞬间被咬断，捕食者X大获全胜。

真正的双颌

捕食者X的咬力惊人，据估计达16.6吨，比当今地球上任何一种生物都要大得多，是霸王龙的4倍，可以咬碎一辆越野车。

在如此巨大的咬力下，捕食者X长30厘米的牙齿可以贯穿猎物的身体、撕裂肌肉和骨头，然后它会潜入水底，将猎物的尸体撕成碎片。

莫里森 怪物

上龙统治海洋长达7000万年，在水中大量食物的滋养下，它们长成了庞然大物。但海洋并非是中生代巨型爬行动物的唯一发源地。

19世纪70年代，人们在北美发掘出很多激动人心的恐龙化石。莫里森组岩层是美国科罗拉多州一块1 554 000平方千米的晚侏罗世岩块。人们对这个地方进行了地毯式搜索，每年都会有新发现。这些发现改变了我们对恐龙的认识。

莫里森发现

很多有名的恐龙都是19世纪70年代末在莫里森组岩层中发现的。

1877年 古生物学家奥斯尼尔·查理斯·马什（Othniel Charles Marsh）将在此发现的恐龙（残骸）命名为剑龙（*Stegosaurus*）。

1877年 马什的竞争对手，爱德华·丁克·柯布（Edward Driker Cope）在此发现圆顶龙（*Camarasaurus*）。

1877年 马什发现了异特龙（*Allosaurus fragilis*）。

1878年 根据本杰明·马基（Benjamin Mudge）、塞穆尔·温德尔·威利斯顿（Samuel Wendell Williston）于1877年在卡农城发现的骨架，马什描述了梁龙（*Diplodocus longus*）。

1879年 马什将在美国俄怀明州发现的化石命名为雷龙（*Brontosaurus*）[后来改为迷惑龙（*Apatosaurus ajax*）]。

其中，北美在侏罗纪最令人畏惧的恐龙是——

▶ 异特龙（*Allosaurus Fragilis*）。

它是体重1.9吨的杀手，统治此地区长达2000万年。

异特龙可能是我们最熟悉的一种中生代兽脚类恐龙，这主要是因为它们非常厉害，同时又有大量的骨架被人们发现。从1927年开始，在美国犹他州一处叫作克莱夫兰德-劳埃德的挖掘场，一共挖掘出46件异特龙的骨架化石。

异特龙

异特龙

（Allosaurus fragilis）

学名解析
易碎的奇特蜥蜴
食性
肉食性
栖息地
美国科罗拉多州、犹他州
生活时期
晚侏罗世，距今1.55亿~1.45亿年
生物分类
蜥臀目，兽脚亚目，异特龙科
体重
2.5吨
长度
8.5~10米

身体

由于有大量的异特龙化石可供研究，我们可以估计异特龙在15岁时就已经成年。如果没遇到什么意外或受到攻击的话，异特龙能活到25~30岁。由于它的脊椎跟当时已知恐龙的不一样，所以科学家将其命名为异特龙。虽然后来人们了解到，这种结构的脊柱在恐龙中很常见，但与之前发现的恐龙相比，异特龙的构造更加精巧。异特龙的英文名字中包含“易碎的”一词，主要是因为其发现者马什觉得这样的结构很不稳固。

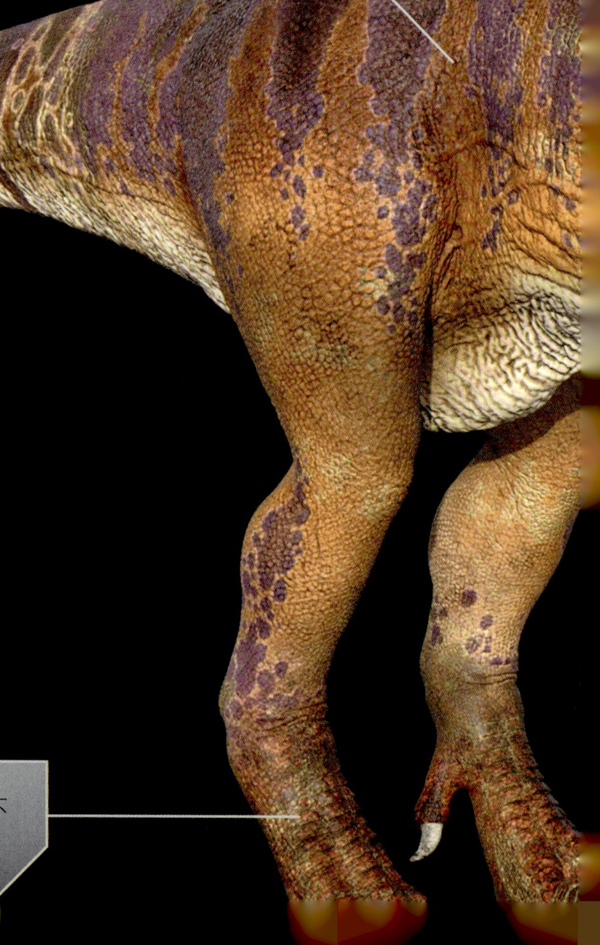

腿

异特龙的腿比白垩纪的大型霸王龙短，并不适合奔跑。这说明异特龙靠偷袭捕猎。

发音

AL-oh-SORE-uss

fra-jill-uss

角

虽然长在异特龙眼睛上面的角很吓人，但它却不能作为武器使用。实际上，角更多地是用来吸引异性。

头和颈

异特龙的颈部短且强壮，呈S形，支撑着巨大的头颅。锯齿状的牙齿有10厘米长。异特龙一生中经常会长出新牙替换老的牙。脑部处理气味的部分尤其发达，说明它可以凭借出色的嗅觉捕食猎物。异特龙可以听到低频的声音，但无法处理大量次声波信息。

前肢

异特龙可以使用粗短强壮的前肢捕捉猎物。它三趾末端长有长达25厘米的爪子，跟老鹰的有点相似，可以牢牢地抓住猎物。

神秘杀手

虽然异特龙算是晚侏罗世比较凶残的杀手，但它的很多生理特征和习惯至今仍是个谜。它身型巨大，牙齿却短得不成比例，额骨也很窄。从异特龙的咬痕可以判断，它是可怕的猎手。但它是怎么做到的呢？看似脆弱的牙齿和双颌是如何撕咬猎物的呢？

异特龙的牙

大块头，小咬力

大艾尔是一具1991年发现于美国俄怀明州的几乎完整的异特龙骨架的昵称，也正是它揭开了上面提出的疑问。对大艾尔骨头的研究显示，它的一生并不顺利，骨架上有很多部分都留下了裂痕甚至是细菌感染的痕迹，也许正是这些问题才导致了它的死亡。但是，剑桥大学的艾米丽·雷菲尔德（Emily Rayfield）却不在乎大艾尔的死因，她更感兴趣的是它如何使用牙齿和双颌。

雷菲尔德与加拿大和美国的科学家们合作，根据大艾尔制作了一个3D头骨模型——也许是有史以来最为精细的模型。然后，他们根据牛的肌肉比例来重塑大艾尔，以此来测量它的力气。最后，他们还采用了工程学上用来测量桥梁受压能力的有限元分析。

实验说明了两件事。

1. 软弱的咬力

大艾尔的咬力远比预想的要弱，最大不过200千克，与霸王龙、甚至今天的短吻鳄相比，几乎可以忽略不计，大概可以跟美洲豹相提并论。如果是这样的话，那它绝无可能咬碎骨头。

2. 坚固的头骨

但这并不说明大艾尔的头骨也很脆弱。没错，它的咬力很小，但其狭长的头骨结构却能有效分散压力。虽然与霸王龙相比，它的头骨开孔更多，质量更轻，但却能承受惊人的大压力。有限元分析结果显示，要高达6.6吨的质量才能压坏它的头骨。

综合以上两点考虑，科学家推测，异特龙把自己的脑袋当作一柄短斧，利用颈部上的肌肉帮助牙齿咬紧猎物，每用力一次都会将锯齿状的牙齿插得更深。异特龙喜爱的猎物大多是一些植食性恐龙，如弯龙（*Camptosaurus*）、剑龙（*Stegosaurus*）以及幼年蜥脚类恐龙。

刀斧手

1

一只弯龙正在平原上吃草。它并不知道自己已经被一只饥饿的异特龙盯上了。

作为快速有力的突袭者，异特龙迅速冲上来。弯龙马上逃跑，希望能甩开这只2.2吨重的捕食者。异特龙跟了上来，一头撞上这只体型稍小的植食性恐龙的脚。

2

异特龙张开大嘴，将自己的獠牙刺入弯龙的背，然后松口，再次刺入。异特龙就这样连续无情地攻击猎物，直到它死于休克、失血。这种捕食方法并不漂亮，也不科学，但却非常有效。

北美

弯龙

（*Camptosaurus*）

学名解析
后背灵活的蜥蜴

食性
植食性

栖息地
美国科罗拉多州、犹他州

生活时期
晚侏罗世，距今1.47亿年

生物分类
鸟臀目，兽脚亚目，禽龙类，弯龙科

体重
500千克

长度
5米

身体

巨大的身体可以容纳同样巨大的内脏，缠绕在脊椎骨上的筋腱可以使弯龙的背部更强壮、更坚硬。

发现

1879年，奥斯尼尔·查尔斯·马什描述了一种当年早些时候威廉·哈劳·里德（William Harlow Reed）在美国纽约阿尔巴尼县发现的一只鸟臀目恐龙，他将其命名为弯龙，即“后背灵活的蜥蜴”，因为弯龙两块髋带之间的脊椎骨并没有融合在一起（就是说没有荐椎）。但是在此之前，“Camptonous”已经是一种蟋蟀的名字。所以马什采用拉丁语的变形，用标准的恐龙用名重新把它命名为“*Camptosaurus*”。但是现在看来，无论哪种命名方式都是不正确的，因为后来的研究显示，弯龙是有用来使脊椎愈合的荐椎的。

发音

Kamp-toe-SORE-uss

头

弯龙的头部几乎和马一样。它的眼窝上长着一种罕见的眼睑骨，科学家们目前还不清楚这种结构的作用。

喙

弯龙拥有宽阔的喙，上下颌能撕裂咬不动的植物。关节可动，这使得它的面颊能够前后移动，叶状的嘴也能有效地磨碎食物。

四肢

强壮的前肢可以轻易地支撑起弯龙的体重。科学家们认为，弯龙平时用四肢行走，需要跑动或够高处叶子时也可以用后肢站立。它的腕骨与大腿骨连接在一起，可以承受500千克的体重。弯龙的脚趾跟禽龙一样分散开来，而不是粘连在一起，指头末端有增生。弯龙有着粗大的趾骨，其中第一根脚趾较短，且从不着地。

团结就意味着安全

如果独自行动的话，弯龙早就被强大的异特龙屠杀殆尽了。因此，有些人认为它们跟某个重量级朋友在一起互相协作。这个朋友就是艳丽的、有棘刺尾巴的——

▶剑龙（*Stegosaurus*）。

三个臭皮匠赛过诸葛亮?

剑龙的骼骨有一个巨大空腔，因此古生物学家猜测这里是剑龙的“第二个大脑”，能够控制其巨大身体的后部。现代鸟类的骼骨也有类似的空腔，但与大脑无关。这里储备着一种叫作糖原小体的物质，主要给鸟类提供能量，也有平衡身体的作用。

亲密战友

看起来，弯龙和剑龙很有可能在一起活动。为什么？也许它们的特点和食性能完美地互相补充，在一个充满危险的世界中可以互相提供保护。

虽然这两种动物都是植食性恐龙，但它们喜爱的植物却各不相同。剑龙的嘴巴很窄，适合小型、柔软的植物。计算机分析结果显示，剑龙的咬力非常小，咀嚼直径超过1厘米的嫩枝都很费力。弯龙的牙齿是剑龙的4倍长，能够对付更难咬的植物。剑龙很有可能将最柔软细嫩的草尖先吃掉，然后把粗糙的草根留给弯龙。如果地面上的植物被吃光了，剑龙还可以够到距地面数米高的植物，远远超过弯龙的能力所及。

通过研究剑龙大脑样本，我们知道这种背上有骨板的恐龙的嗅觉十分灵敏。而弯龙却有着更出色的视力。如果这两种恐龙一起合作，就可以更好地预报危险，有效预防类似异特龙一类的偷袭者。弯龙具有出色的视力，可以及时发出危险警告，然后色彩斑斓、体型巨大的剑龙凭借自身特点威慑敌人。

剑龙

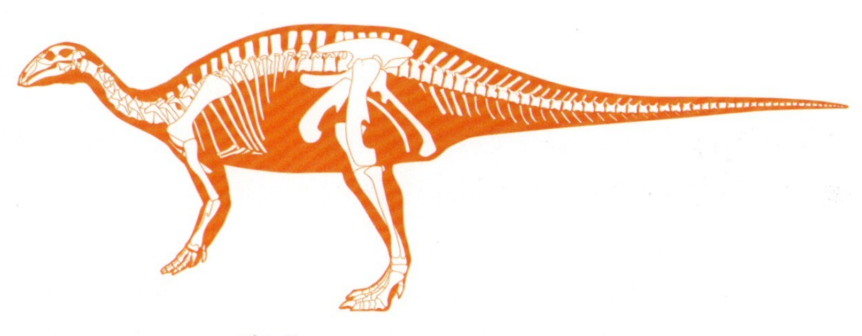

弯龙

最佳拍档?

剑龙和弯龙的化石很少在一起被发现，但一次挖掘出的化石表明，这两种恐龙的关系异常亲密。在莫里森组岩层发现的足迹化石证明，这两种恐龙曾肩并肩一起走过。

剑龙

（*Stegosaurus*）

学名解析
有盖的蜥蜴
食性
植食性
栖息地
北美和西欧
生活时期
晚侏罗世，距今1.56亿~1.4亿年
生物分类
鸟臀目，装甲龙目，剑龙亚目，剑龙科
体重
2.73吨
长度
8.5米

骨板

是剑龙背上的骨板保护其不受攻击的吗？大概不是。因为骨板都是薄而中空的骨头，遍布血管。较多人接受的观点是它们的功能是调节体温。如果剑龙侧身朝向太阳，就可以吸收热量；而向着微风时就可以散热。另一个观点是这些骨板只是用于性炫耀而已。

发现

首件剑龙化石是亚瑟·雷克斯（Arthur Lakes）于1877年在美国西北部发现的，由奥斯尼尔·查尔斯·马什命名。2006年，科学家们在葡萄牙巴塔尔哈城附近也发现了剑龙化石，这说明剑龙的分布远比人们想象的广泛。有些科学家们认为，在中国发现的剑龙科恐龙化石也应该被归类为剑龙。如此说来，剑龙很有可能在全球各地都生活过。

脚

剑龙部分前肢脚趾上长有蹄状指甲，宽宽的后脚上长有3根钝钝的脚趾，支撑着剑龙巨大的身体。

发音

STEG-uh-SORE-us

头和颈部

剑龙头骨狭长，喙中没有牙齿。颌的内部长有三角形牙齿，非常适合将植物磨成糊状。宽阔的面颊肌肉可以在咀嚼的同时装入食物。剑龙的颈部灵活，捕食范围也随之扩大，从地面的草类到离地1~2米的树叶都可能成为它的美餐。它脆弱的喉咙被骨质的立柱保护着，可以保护其不受敌人的偷袭，也能防止粗糙植物的割伤。虽然剑龙身体巨大，但是它的大脑很小，只有80克重。

身体

剑龙背部长有风筝状的皮板，交错排列。这些皮板与剑脊清晰地排成平行的两行。与其他鸟臀目恐龙不同的是，剑龙尾巴没有骨腱，说明它的尾巴十分灵活，是理想的防御武器。剑龙尾巴末端有两组刺，称为尾刺。剑龙挥舞着尾巴时，再凶恶的敌人也会三思而后行。

互相保护

1

一群剑龙和亲密战友弯龙一起在平原上觅食。突然，一只弯龙两腿站立起来。它发现了躲在远处的一个小点。那是一只异特龙。弯龙嚎叫着发出警告。

2

恐龙群开始逃跑，留下饥肠辘辘的异特龙面对剑龙的尾刺。

3

剑龙的后部几乎是无法逾越的障碍。也就是说，异特龙只能从前方开始进攻。

4

异特龙发动进攻，冲上去想咬住剑龙的头部。

5

但是迎接它的却是剑龙尾刺的重击。1米长的刺几乎刺穿了异特龙的脊椎。

剑龙赶紧逃离现场，留下倒地的兽脚类恐龙在那里哀嚎，流血不止。

巨兽之战

能够证明剑龙和异特龙之间发生过战斗的证据还有很多。2005年，科学家们在挖掘出的一块剑龙鳞甲上发现了U形的咬痕，这正是异特龙特有的牙齿形状。

事实还不止如此。科学家在一块异特龙尾椎上发现了被剑龙尾刺击打过的痕迹。尖刺几乎贯穿了椎骨，留下一个洞。神奇的是，骨头有愈合的迹象，也就是说，在经历了如此惨痛的击打之后，异特龙还是存活了下来。

异特龙之墓

对于古生物学家来说，美国犹他州的克莱夫兰德–劳埃德采石场很不寻常，因为他们在这里发现了大量的异特龙骨架。那么，为什么这么多的异特龙会死在同一地点呢？考虑到当时地球上只有10%的恐龙为肉食性恐龙，这个问题就更令人困惑了。因为对它们来说，地球上食物充足而且没有天敌。为此，科学家们提出了两种解释。

1. 陷入泥塘

晚侏罗世的时候，采石场附近有大片的湖泊。湖岸上覆盖着厚厚的烂泥，能够使前来喝水的恐龙深陷其中。也许异特龙被陷在湖边的植食性动物吸引过去，可它怎么也不会想到自己会和那些猎物一样动弹不得。于是，这里就成为了一个死亡陷阱，不断有动物陷了进去，吸引更多动物的到来。这种陷阱被称作捕食者陷阱。

2. 干旱

2002年，美国犹他大学的特里·盖茨（Terry Gates）提出了另一种解释。盖茨一直尝试着寻找这样一个捕食者陷阱，但都失败了。于是他开始怀疑捕食者陷阱是否真的有如此大的杀伤力。

盖茨仔细研究了在美国犹他州挖掘出的异特龙化石，但并未发现恐龙死于陷阱的证据。首先，如果恐龙是死于陷阱，那么它们的骨架应该是连着的，因为陷阱里的动物无法动弹，死时也会保持原来的姿势。但是，在犹他州发现的骨架都是不连接的。其次，恐龙的腿骨化石应该是垂直的，因为它们死时应该保持站立姿态，可是这一点也没有被证实。虽然这些猜想被一一否定，但根据发现的泥裂，盖茨发现了其他可能性——当地曾遭受过严重的干旱。

还有一件需要注意的事情是，在这里发现的异特龙化石82%都是幼龙的，而幼龙对气候变化极其敏感。因此，盖茨认为它们的夭折是由极端气候变化引起的。由于酷热难耐、口渴，植食性恐龙大批前往湖边，却发现湖已经干涸了。它们聚集在还未干透的小水塘旁，最终一起死于脱水和饥饿。于是，这些尸体成了异特龙唯一的食物来源。把尸体吃完后，这些捕食者未能经受干旱、饥饿、传染病、中暑等多重考验，也相继死去。

无论真正原因是什么，在克莱夫兰德-劳埃德发现的异特龙说明，不管多么凶残的猎食者，都无法应对拥有自卫能力的猎物或更极端的情况——猎物的集体消亡。

第5章

带羽

在过去的10年里，中国已经成为发现新型恐龙的前沿阵地。迄今为止，一些最奇特的恐龙在这里被发现，为我们刻画了恐龙进化过程的壮丽篇章。这里是恐龙展翅高飞的地方。

恐龙

第一片羽毛

如果你打开自家窗户，很有可能就会看到一只恐龙在那里跳来跳去。认为鸟类是由恐龙进化而来的想法并不新鲜，早在1870年，英国生物学家托马斯·亨利·赫胥黎（Thomas Henry Huxley）就发现鸵鸟的腿与棱齿龙（*Hypsilophodon*）和美颌龙（*Compsognathus*）的后腿有很多相似之处。1877年，奥斯尼尔·马什特别指出，鸟类很有可能就是从这些恐龙进化来的。他的这个观点很快得到了大家的热烈赞同。

始祖鸟（*Archaeopteryx*）

在此之前8年，始祖鸟——最早的鸟类的化石在巴伐利亚被发现。现在，始祖鸟对我们研究鸟类进化有极其重要的意义。但是在19世纪，它的重要性却不被广泛认可。它有羽毛，因此有可能有飞的能力，但它也有着锋利的牙齿、爪子和骨质尾巴，跟小型肉食性恐龙差不多。

直到100年之后，赫胥黎提出的鸟类跟恐龙之间的联系才被主流社会接受。20世纪70年代，美国古生物学家约翰·奥斯特姆（John Ostrom）发表了数篇文章，论证了哈克雷斯和马什的观点。奥斯特姆提出的新证据表明，肉食性恐龙恐爪龙（*Deinonychus*）和始祖鸟非常相似。恐爪龙是一种灵活的致命杀手，它的脚踝、肩部以及头骨都跟鸟类十分相似。奥斯特姆详细论证了鸟类是恐爪龙这类兽脚类恐龙的直系后代，成功地说服了大部分同事，但并不是所有的人都赞同。现在几乎没有人会否认这种看法。下面，我们即将看到在化石上发现的证据是如何支撑奥斯特姆的观点的。

耀龙(Epidexipteryx)

带羽恐龙

1996年，科学家们在中国东北部的辽宁省发现了一件长90厘米的恐龙化石。这是一件在火山灰和粉砂岩中保存得非常完好的中华龙鸟（*Sinosauropteryx*）化石。它的两侧和脊椎尾部长有原始羽毛，这些羽毛太短，不可能用来飞翔，更多的是用来保暖。无论这些羽毛的作用是什么，这都是恐龙研究历史上里程碑式的事件，永远改变了我们对恐龙的认识。

用翅膀攀爬

一夜之间，辽宁省白垩纪的义县组地层变成了地球上最炙手可热的化石发掘地。数年来，我们在这里发现了更多的有羽恐龙。21世纪的前10年，这里又产生了诸多发现，进一步加强了恐龙与鸟类的联系。2008年，人们发现了最早的也许是最诡异的恐龙。这种恐龙是擅攀鸟龙科（scansoriopterygid）的一员，鸽子般大小、爱好炫耀的——

▶ 耀龙（*Epidexipteryx*）。

中国

炫耀时刻

2008年，中国科学院张福成带领的小组发现了这件耀龙化石。其实，早在一年前，耀龙就在内蒙古宁城县道虎沟组地层被发现了。这块岩组的年龄一直是古生物学家们辩论的焦点。有些人认为，这些化石是白垩纪早期的，也有人认为它的年代更久远，形成于中侏罗世。如果后者的猜想是正确的，那么耀龙早在始祖鸟出现数百万年前就在地球上趾高气昂地行走了。

耀龙也只能趾高气昂地行走。毛茸茸的羽毛不能将它送上天空。它的尾部有两簇羽毛，但也没有实际用处，既不能飞翔也不能保暖。这些羽毛十分引人注目，长短与身体很不协调。当它们在树林中雀跃的时候，这两簇羽毛还很可能造成行动不便。

唯一符合逻辑的解释是，这些羽毛是为了展示给其他恐龙看的。就像孔雀一样，尾部羽毛只起到装饰性作用，只是为了吸引异性而已。我们无法判断这具耀龙化石是雌性还是雄性，但是如果耀龙和今天的鸟类有相似之处，对于雄性耀龙而言，美丽的羽毛就是它优秀基因的最好诠释。因此，这项发现显得有些不可思议：羽毛一开始的作用居然不是飞翔，而是为了吸引异性。

胡氏耀龙

（*Epidexipteryx hui*）

学名解析
胡氏发现的展示性羽毛

食性
肉食性（或食虫）

栖息地
蒙古，中国

生活时期
中侏罗世和晚侏罗世，距今1.68亿～1.52亿年

生物分类
蜥臀目，兽脚亚目，虚骨龙次亚目，
手盗龙类，擅攀鸟龙科

体重
160克

长度
30厘米

羽毛

4条丝带般的羽毛从耀龙的尾巴末端伸出来。由于发现的羽毛化石末端有损坏迹象，我们无法判断羽毛到底有多长，但据估计至少有20厘米。耀龙身体的其他部分也覆盖着短短的绒毛。

脚

耀龙爪子的形状和在陆地觅食的鸟类如火鸡的一样。

发音

Epi-decks-ip-ter-icks hwee

头

鼻孔位于嘴巴上面，锋利的前牙往外突，有利于捕捉小哺乳动物、昆虫或者爬行动物。

前肢

耀龙的前肢和趾头非常长，尤其是第三根趾头，也许可以用来挖树上的虫洞。耀龙的羽毛不足以支撑它飞上天空，因此它一般都在地面活动，或者在树枝之间攀爬。

窃蛋龙

一只叫作蒙古蜥鸟龙（*Saurornithoides mongoliensis*）的伤齿龙科恐龙在泥沙地里挖了一个浅浅的巢穴，在里面产下24个蛋。此时，蜥鸟龙感到饥肠辘辘，就在巢穴上铺上一层树叶，然后出去觅食了。可是，它的踪迹被发现了，一只窃蛋龙摸进了它的巢穴。但是，没有牙齿的兽脚类恐龙不是应该属于植食性恐龙吗？

所以，这些蛋应该是安全的吧？

得来全不费工夫？

当然，羽毛不仅仅是生活在侏罗纪、白垩纪时期的兽脚类恐龙和现代鸟类拥有的唯一共同点。我们在上文中看到，它们都在巢穴里下蛋。无论它们在哪里筑巢，都会有捕食者虎视眈眈地想要吃一次快餐。其中一种捕食者就是——

▶ 窃蛋龙（*Oviraptor*）。

食草还是食肉？

那么，窃蛋龙到底是植食性恐龙还是肉食性恐龙呢？我们来看看如下一些证据。

证明窃蛋龙为植食性动物的证据如下。

窃蛋龙的下颌似乎可以前后挪动，这种特质在植食性动物中是常见的。那么，这能证明窃蛋龙可以咀嚼难咬的植物吗？

科学家们在一些窃蛋龙骨架中发现了鹅卵石——用来磨碎胃中的植物。

证明窃蛋龙为肉食性动物的证据如下。

1923年发现的窃蛋龙骨腔中有一件小蜥蜴化石。

1993年，人们在蒙古乌哈托喀发现了一个装有窃蛋龙蛋的巢穴。但它们并不孤单，巢穴里还有两块被蛋壳碎片覆盖的头骨——有牙齿的头骨。经过辨认这些不是窃蛋龙的头骨，可能属于伤齿龙。

那么，伤齿龙为什么会出现在窃蛋龙的巢穴里呢？

有如下3种可能。

1. 伤齿龙潜入其他恐龙的巢穴产蛋，就像现代的布谷鸟（布谷鸟的例子并不特殊，孵育寄生在鸟类中是广泛存在的现象）。

2. 伤齿龙以窃蛋龙的蛋为食。这不大可能，被发现的伤齿龙头骨很明显是属于幼龙的。这样小的伤齿龙不大可能攻击窃蛋龙的巢穴。

3. 窃蛋龙的父母偷来伤齿龙的蛋，或者它们抓来伤齿龙幼仔喂给小窃蛋龙吃。

迄今为止，第三种解释得到了更广泛的认可。经过漫长的进化，窃蛋龙很有可能成为了杂食动物：既可以吃植物，也可以吃肉，偶尔也会吃其他恐龙的蛋。饮食的多样性大大降低了它们挨饿的可能性。

嗜角窃蛋龙（*Oviraptor philoceratops*）

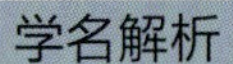

学名解析
喜欢吃角龙蛋的偷蛋者
食性
杂食性
栖息地
蒙古沙漠
生活时期
晚白垩世，距今7500万年
生物分类
蜥臀目，兽脚亚目，虚骨龙次亚目，手盗龙类，窃蛋龙科
体重
22千克
长度
2.1米

身体

窃蛋龙的骨架和现代无羽鸟类相似，浑身覆盖着柔软的绒状羽毛。

发音

oh-vir-rap-TOR
phil-oh-sera-tops

喙

它坚硬的喙代替了牙齿，用来敲碎坚果或蛋壳。

头和头骨

窃蛋龙的头骨小巧轻盈，各部分骨头都连在一起，更像是鸟类而不是兽脚类恐龙。2009年，一项关于窃蛋龙大脑的研究表明，窃蛋龙的嗅觉可能不如人们想象的那么灵敏，它们也许更依赖视觉。

前肢

细长的前肢十分擅长抓握东西，上面长有3根趾头，末端有锋利的爪子。

致命突袭

1 一只窃蛋龙正在伤齿龙巢穴里，用上颌骨质的突触部分敲蛋……

2 ……直到伤齿龙的父母匆忙赶回来保护子女。

3

窃蛋龙迅速逃离案发现场。但成年伤齿龙的烦恼绝不仅仅是丢失的这两个蛋。一个巨大的喙从天而降，将这只震惊不已的兽脚类恐龙叼到天空，然后它被摔到地上，粉身碎骨。

白垩纪时期,不是所有生活在蒙古的窃蛋龙科恐龙都是小个子。
这只就是——

▶ **巨盗龙（*Gigantoraptor*）。**

二连巨盗龙

（*Gigantoraptor erlianensis*）

学名解析

二连浩特的巨型盗贼

食性

未知（极有可能是杂食性）

栖息地

中国北方树林

生活时期

晚白垩世，距今8000万年

生物分类

蜥臀目，兽脚亚目，虚骨龙次亚目，

手盗龙类，窃蛋龙科

体重

2.6～2.9吨

长度

8米

发现

巨盗龙的化石是中国科学院古脊椎动物与古人类研究所的徐星偶然发现的。2005年4月，徐星正为日本拍摄一部关于蜥脚类恐龙的纪录片。他随手从挖掘坑中取出一件化石，但很快就发现这并非是一件蜥脚类恐龙的化石。那这是什么？霸王龙化石？大小倒是差不多。徐星先让导演关掉摄像机，他不想让自己的偶然发现这么快展露在世界观众面前。

徐星的团队很快开始了发掘工作，最后挖掘出一具几乎完整的恐龙骨架，包括下颌、前后肢、脊椎以及部分盆骨。

为了确认这只恐龙的年龄，科学家们对它的腿部化石进行了切片分析。据他们估计，这只巨盗龙死时11岁，处于成长期。成年巨盗龙还会更大。

发音

Gee-GAN-toe-rap-tore
Er-li-an-en-sis

喙

像窃蛋龙一样，巨盗龙坚硬的喙中也没有牙齿。它要用喙咬碎植物、敲碎蛋和无脊柱动物。

羽毛

到目前为止，我们并不清楚巨盗龙有没有羽毛。但是，既然已知的窃蛋龙科恐龙都有羽毛（如尾羽龙、始祖鸟），那么不妨假设巨盗龙也有羽毛。

腿

巨盗龙拥有细长苗条的腿。

即使巨盗龙有羽毛，它也肯定不会飞。也许它的羽毛可以阻挡烈日的炙烤，或者在寒冷季节保暖。像耀龙一样，巨盗龙的羽毛也可以用来炫耀、吸引异性或者恐吓敌人。

但是，并不是所有的恐龙羽毛都只起装饰作用。20世纪90年代末发现的驰龙（*Dromaeosaur*）拥有着和鸟类一样的羽毛。那么，恐龙终于可以飞了吗？

巨盗龙在战斗或吸引异性时都会展示其羽毛。

蒙古

树顶的打斗

1

太阳落山了，向树林里射出最后一束光。这时，活跃在树顶的夜行动物都醒来了。一只蜥蜴——赵氏翔龙（*Xianglong zhaoi*）在树冠上跳来跳去寻找食物。日光逐渐暗淡下来，它雀跃着，聒噪不已，直到发现了一只昆虫。

但在这里，捕猎者必须时时小心。翔龙并未发现完全伪装成树枝的羽毛，也没有看到另一只捕猎者盯着它的犀利的眼神。

2

突然，一阵骚动，羽毛的主人从上方猛冲下来。这是一只树居的恐龙——

▶ **小盗龙（*Microraptor*）**。

它很饿。它张开粗钝的嘴向翔龙咬去，但却落空了。翔龙轻松地躲开，向树林深处逃去。

3

小盗龙追过去，紧紧跟着逃往其他枝头的翔龙。现在，翔龙无处可逃了。小盗龙爬上翔龙所在的枝头。两只爬行动物互相盯着对方。

4

突然，小盗龙打破了可怕的平静，向翔龙猛冲过去。随后便是一片羽毛飘零和混乱的厮打。在混乱中，翔龙从枝头跳落，冲向森林地面。小盗龙只能看着猎物跳下树梢，撑开胸腔旁的一双翅膀，最终安全滑落地面。

肋骨滑翔机

翔龙——中文名为会飞的龙，是徐星和他的团队2007年在中国辽宁省义县发现的。这件化石包括了翔龙的皮肤和8对超长的背部肋骨。这些肋骨支撑着翔龙的翅膜——用来在树间滑翔的皮肤组织。完全展开时，翅膜长12厘米，滑翔距离可达50米，有半个足球场那么远。

大多数滑翔动物，比如飞鼠，在身体和腿之间都有翅膜，但在此之前很少发现肋骨间有翅膜的。目前发现的这样的生物只有生活在晚三叠世的类蜥蜴爬行动物，距今大概2.51亿～1.99亿年，以及曾经广泛分布在东南亚的大量会滑行的蜥蜴。翔龙的翅膜的形状和现代飞行速度极快的鸟类的翅膀很相似，这说明翔龙在天空中很灵活。对于一只树居爬行动物而言，拥有飞行的能力无疑大大提升了它的生存概率。但是，要是它的敌人——小盗龙也会飞呢？如果小盗龙的羽毛并不只是用来炫耀的呢？

继续追捕

5

小盗龙看着翔龙逃走。它迟疑了一会儿，也跟着跳了下去。小盗龙张开四肢，没错，它有两对而不只是一对翅膜。小盗龙也是滑行动物。

翔龙还在为自己的逃脱沾沾自喜，却不知敌人已经跟了上来。它扭动自己的身体向右拐弯。小盗龙也调整四肢的方向，跟上了翔龙的飞行轨迹。翔龙降落在一棵树的树干上，离地面仅数米。突然，它发现了危险。小盗龙的阴影从上方笼罩而来。没等小盗龙降落在树上，翔龙立刻起飞逃生。追捕继续上演……

滑翔杀手

中国

顾氏小盗龙

（*Microraptor gui*）

学名解析
顾知微发现的小盗贼

食性
肉食性

栖息地
中国北方树林

生活时期
早白垩世，距今1.25亿~1.22亿年

生物分类
蜥臀目，兽脚亚目，虚骨龙次亚目，
手盗龙类，驰龙科

体重
1~2千克

长度
80厘米

滑行的时候，小盗龙通过上下移动尾巴来控制降落。

肩

小盗龙没有强壮的飞行肌，因此不能在天空飞行很长时间，也不能从地面起飞。它需要从高处向下滑翔。在空中，它通过拍打四肢来调整方向。所以在飞行的时候，小盗龙就不能捕猎了。

种族

小盗龙属于兽脚亚目驰龙科。“驰龙”也有“猛禽”的意思，但很多专家不喜欢“猛禽”这一称呼，因为有一些生活在现代的动物就属于这一类（如雕、鹰、隼）。

发音

My-krow-rap-TOR gee

眼睛和牙齿

大大的眼睛给予小盗龙非凡的视野，这对于夜晚捕猎尤其重要。它的牙齿细长弯曲，呈锯齿状，可以拔掉尸体上无法消化的羽毛。

爪子

小盗龙的后腿上长有长长的爪子，跟伶盗龙（*Velociraptor*）的很相似。也许，这些爪子主要用来爬树，而不是为了给对手开膛剖肚。它的爪子几乎可180度弯曲，既能帮助攀爬树木，也能快速了结猎物。

相似的羽毛

顾氏小盗龙

2003年，徐星和他的同事对小盗龙进行了研究。他们很快明白，小盗龙的羽毛绝不是为了炫耀或保暖。这些羽毛很长、中空、不对称，跟现代鸟类羽毛并无不同。还不止如此，小盗龙四肢上的羽毛符合空气动力学的一些定律，可以将其推向空中。徐星发现，这种恐龙可以从树顶向下滑翔，滑翔距离一次大约是18米。

顾氏小盗龙是一种长有四翼能飞的恐龙。

小盗龙是如何滑翔的呢？

一开始，科学家们认为小盗龙会把腿缩回胸部，然后，把自己弹射出去，进行滑翔。这种姿势看上去就好像一架有羽毛的双翼飞机在丛林中翱翔。

但是，美国堪萨斯州大学和中国东北大学最近进行了联合研究，对此提出了异议。科学家们依据化石中的骨架形状和羽毛材质，复制出一个小盗龙的仿真木制模型。

科学家们首先按照双翼飞机的机翼构造给模型安装了四肢，随后再将其后腿展开。实验的结果是，在模仿双翼飞机的状态下，模型很快高速地栽在地上。

但是，当后腿作为第二副翅膀展开时，模型滑翔得更平稳。因此，科学家们认为这才是小盗龙真正的飞行方式：后腿舒展地张开，和前肢一前一后地保持空中平衡。但也有人认为小盗龙根本不可能采取这样的飞行方式，因为后腿的骨骼结构决定了飞行期间它的后腿根本不可能张开。

第一次飞翔

这项实验结果也给关于鸟类起源的争论增加了更多可疑点。解剖学的证据表明，鸟类起源于侏罗纪的肉食性兽脚类恐龙。但它们是在什么时候第一次展翅高飞的呢？

假设1：从陆地起飞

因为兽脚类恐龙通常被想象成一些陆居的、快速奔跑的恐龙，很多专家认为飞翔源于陆地，正是这些快速奔跑的恐龙在漫长的进化过程中越蹦越高，张开前肢在空中保持平衡。经过千百年的进化，它们最终能够飞翔了。

假设2：从树上滑落

小盗龙的例子表明，鸟类很有可能由在树上滑翔的兽脚类恐龙进化而来。随着时间流逝，这些恐龙的肌肉逐渐变得强壮有力，它们也随之可以从单纯地滑落地面变成长时间地飞翔。

虽然小盗龙在空中能自由自在，在树梢间能灵活飞翔，但是在陆地上，它就没有这么轻松了。小盗龙腿部的羽毛长达17厘米，行走的时候非常不便。事实上，森林中的陆地对于突然降落的小盗龙来说是危险的，因为在陆地上有很多行动灵活的捕食者，比如说——

▶ **中国鸟龙（*Sinornithosaurus*）**。

黄雀在后

1

在一系列猫抓老鼠的游戏之后，小盗龙终于抓住了翔龙。但它却不知道，中国鸟龙正在上方虎视眈眈地看着它。瞄准时机后，中国鸟龙果断发动了袭击，直奔小盗龙而去。

2

翔龙尝试着逃脱捕食者的爪子，飞回天空，但它只能在地面上蹦跶。

3

中国鸟龙降落在小盗龙身后，腿上的羽毛使小盗龙在陆地上行动非常不便，但中国鸟龙没有这个顾虑。事实上，它毫不畏惧陆地上的竞速比赛。对它来说，陆地上的奔跑和天空中的飞翔没有什么区别。

千禧中国鸟龙

（*Sinornitosaurus Millenii*）

学名解析
千禧年发现的中国鸟形蜥蜴

食性
肉食性

栖息地
中国东北地区的树林

生活时期
早白垩世，距今1.25亿~1.22亿年

生物分类
蜥臀目，兽脚亚目，虚骨龙次亚目， 手盗龙类，驰龙科

体重
3千克

长度
1.2米

羽毛

中国鸟龙的前肢和尾巴上都覆有羽毛，但是它们却不是用来飞行的，而是作为伪装自己或者炫耀的工具。但是，科学家们认为中国鸟龙也可以进行短距离的滑翔。

发现

1999年，中国科学院古脊椎动物与古人类研究所的徐星、汪筱林和加拿大自然博物馆的吴肖春首次通报发现了这种恐龙。这件几乎完整的恐龙化石是有史以来第一件将羽毛保留下来的驰龙科化石，在中国辽宁省的义县组地层被发现。

发音

Sigh-NOR-nith-o-SORE-uss mi-len-i

牙齿

跟所有驰龙科恐龙一样，中国鸟龙的牙齿细长，呈锯齿状。下颌前部的牙齿更短、更直，适用于撕咬或者牢牢抓住猎物。

头

中国鸟龙头上的羽毛像细小的头发丝，但真实情况也可能不是如此。大大的眼睛表明它白天黑夜都能够捕食。

腿

中国鸟龙是一种身手灵活、迅速的猎手。它的盆骨跟鸟类非常相似，耻骨和坐骨向后突起。

它们的羽毛是什么颜色的？

现代鸟类羽毛的颜色多种多样，既有用于伪装的棕色、黑色，也有可以拿来炫耀的亮绿色、红色和黄色。我们不妨假设类鸟恐龙的羽毛也是如此。可有没有方法可以让我们确切地知道恐龙羽毛的颜色呢？

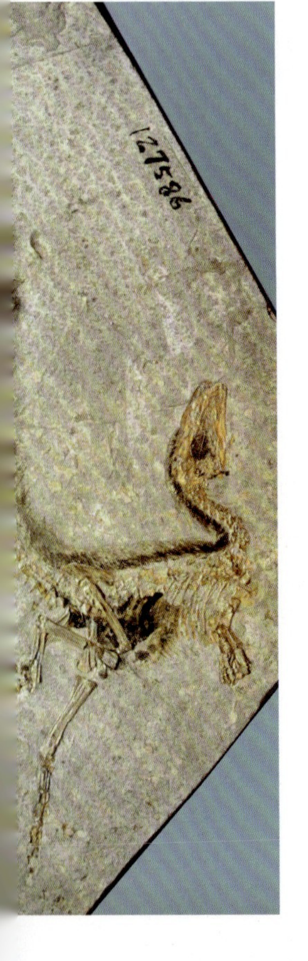

中华龙鸟

消失的颜色

中国鸟龙和中华龙鸟的羽毛化石为我们提供了答案。化石一般不会保存颜色，但总归有蛛丝马迹来说明一些问题。

由中国科学院古脊椎动物与古人类研究所的周忠和以及英国布里斯托大学的米歇尔·本顿（Michael Benton）领导的科学小组在羽毛化石中发现了一些小囊，其内部包含了黑素体。这种物质在现代各种动物的毛发、彩色羽毛中都有发现。事实上，人类毛发的颜色正是由黑素体的形状决定的。如果你身体内包含香肠状的黑素体——真黑色素，那么你的毛发就会呈黑色或灰色；如果你身体内包含球状的黑素体——褐黑色素，那么毛发将会是红色或姜黄色。鸟类羽毛中也存在这种结构和色素。

美丽的羽毛

科学家们在一两种恐龙羽毛化石中发现了真黑色素和褐黑色素。通过研究小囊的分布，科学家们认为中华龙鸟的羽毛呈锈黄色，尾巴上有白色长条，而中国鸟龙的羽毛颜色则包括红棕色、黄色、黑色和灰色——树顶生活最好的伪装色。

但是，恐龙用羽毛进行伪装并不只是为了防御其他野兽的进攻。最近的研究结果显示，它们常用颜色伪装自己，以达到突袭的目的。

毒牙

虽然中国鸟龙的牙齿没有它臭名昭著的近亲——伶盗龙（*Velociraptor*）的多，但它锋利的獠牙清楚地向世界宣告，它是肉食性动物。

但是，除了切割猎物外，中国鸟龙的牙齿还有别的作用吗？它们会不会向猎物注射毒素，以此打倒比自己大得多的敌人呢？

这一观点在科学界饱受争论。有时，古生物学家在对史前动物的研究上难以达成共识。

2010年，巩恩普领导的科学小组就中国鸟龙如何捕食提出了一个非常有趣的观点。他们发现，中国鸟龙下颌后部的牙齿非常长，且长有沟槽，与头骨另一端的空腔相连接。这一小组把这个空腔叫作“次网状结构”。他们认为，这一奇怪的结构并非恐龙所有，却和现代蛇类非常相似。

巩恩普和他的同事认为，这些牙齿让人们联想到长着后毒牙的蛇，如非洲树蛇。它们的毒牙正是长在后方，而不是前方。那些通过前牙注射毒素的蛇一般都长有中空的牙齿；而对于长有后毒牙的蛇来说，毒素是从牙齿外部渗入猎物体内的。

现在，我们通过观察现有动物的行踪得知，毒液并不一定会将猎物杀死。2009年，澳大利亚墨尔本大学的毒液研究人员布莱恩·弗雷（Bryan Fry）和他的同事一起研究科莫多龙的毒素，结果发现它们的下巴里藏有无数毒腺。之前人们一直认为，科莫多龙用来毒杀猎物的武器来自在其口腔内部生成的有毒细菌。弗雷和他的同事们发现了科莫多龙释放的毒素并不致命，但却可以让猎物休克，降低猎物的血压，使它们过于虚弱，无法逃跑。

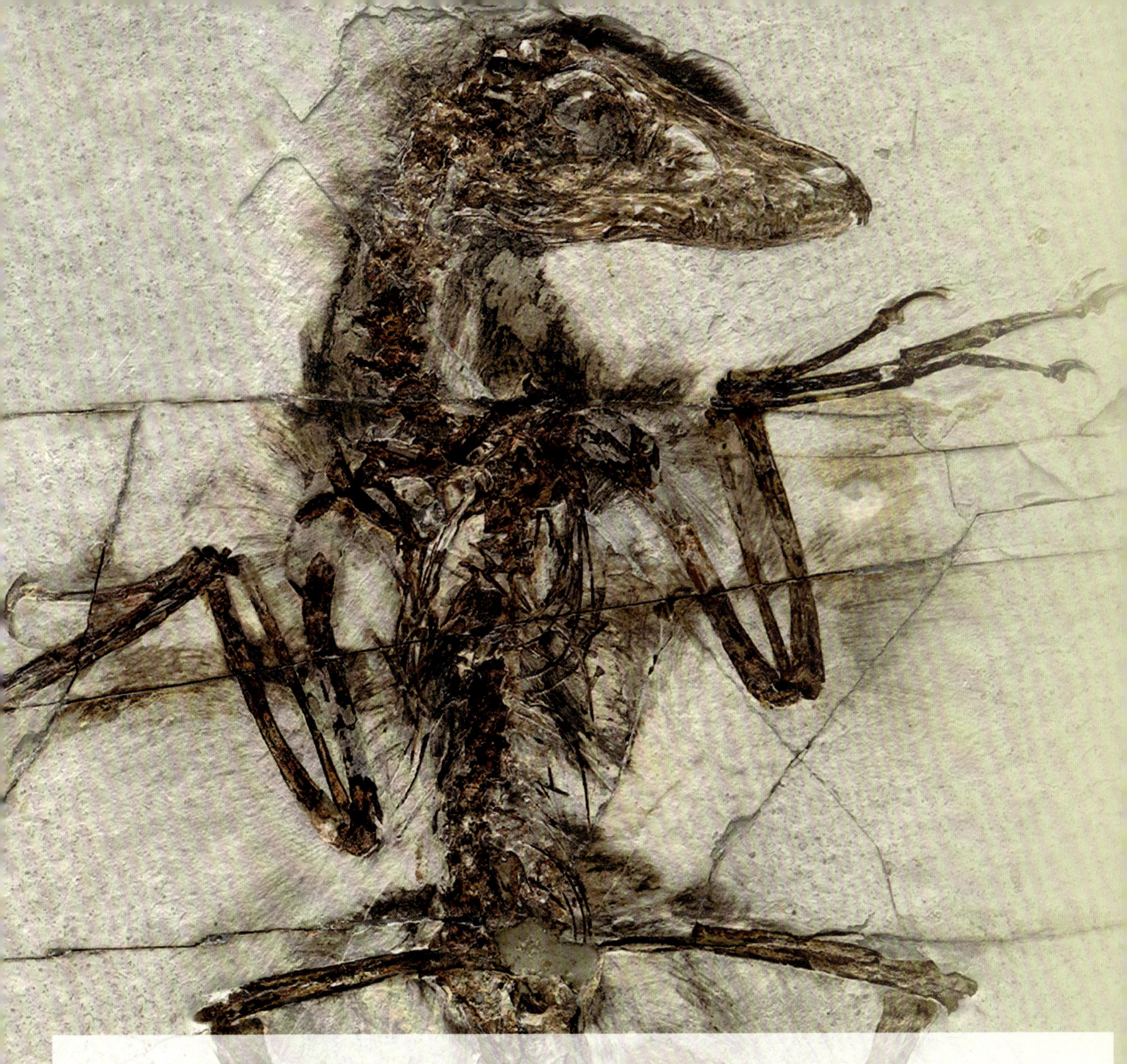

有毒的家伙?

那么，中国鸟龙头骨内的空腔是用来储存毒素的吗？也许吧，巩恩普带领的小组认为它的牙齿长度足以刺入猎物皮下0.5厘米，这个深度已经可以使毒液发挥作用。巩恩普及其同事认为，中国鸟龙的下巴内贯穿着一些细小凹槽，并推测它们与牙齿底部无数的小坑连接。它们是用来向弯曲的牙齿输送毒素的吗？

巩恩普带领的小组认为，这种火鸡大小的杀手通常躲在枝头上，等待着猎物落在稍低一点的树枝上，然后它突然跳下去，用牙齿咬住猎物。它们的毒液通过凹槽从牙齿渗出，虽然不足以让猎物当场致命，但也能够让其休克，动弹不得。于是，中国鸟龙就活生生地把猎物吃掉了。如此说来，中国鸟龙可以打败比自己体型大得多的猎物。

中国鸟龙的牙齿

不同的意见

巩恩普小组提出的见解虽然非常新颖，但并没有说服所有专家，而且小组所提出的证据经不起推敲。针对巩恩普的见解，其他专家提出了三大疑点。

证据1：中国鸟龙有着很长的后牙。

古生物学家费德里科·吉阿内奇尼（Federico Gianechini）、费德里科·安哥诺林（Federice Agnolin）以及马丁·伊茨库拉（Martin Ezcurra）认为，中国鸟龙的牙齿并没有想象的那么长。巩恩普和他的同事提出，中国鸟龙的部分牙根已经超出了牙槽，因此它的牙齿会很长。但这种牙根超出牙龈的现象在现代动物中从未发现过。看起来，中国鸟龙超长的后牙齿之所以那么长，只是因为部分牙龈移位了而已。这种现象在兽脚类恐龙化石中经常被发现。

证据2：中国鸟龙有一个毒液囊。

巩恩普和他的同事所发现的“毒液囊”是中国鸟龙脸侧一个损坏的凹坑，并没有证据证明这是所谓的“次网状结构”。不仅中国鸟龙的头骨有这样的凹坑，很多小型驰龙科恐龙头骨都有这样的凹坑。

证据3：中国鸟龙的牙上有凹槽。

吉阿内奇尼、安哥诺林和伊茨库拉认为，巩恩普所发现的牙齿凹槽并不独特，因为很多兽脚类恐龙的牙齿都有这样的通道。

最近的研究结果显示，在很多动物的牙齿上发现的凹槽和小通道并不绝对意味着里面藏有毒液。现代山魈和狒狒的牙齿中都有凹槽，里面是没有毒液的。事实上，牙齿上的凹槽可帮助灵长类动物在咬水果时吸入更多的果汁。

最终，毒液说有着诸多漏洞，而且从一开始就没有得到多数科学家的认可。无论中国鸟龙是怎么捕食的，在铺满落叶的树林里捕捉小盗龙时，它以巨大的体型、更灵活的身手使得猎物没有一点胜算。

第6章

生存

恐龙有超乎寻常的适应自然、利用自然环境的能力。这种惊人的进化能力使得恐龙的种类越来越多，外形越来越多样，也越来越奇特。这也是恐龙能统治地球的原因。这是一个很简单的问题：要么改变，要么死亡。

之战

侏儒和巨人

恐龙统治地球长达1.6亿年，足迹遍布地球各个角落。它们的秘密是什么？它们如何能够牢牢控制食物链，直到6550万年前从地球消失？

我们可以从晚侏罗世的岛屿（现在的欧洲）上找到部分答案。这里曾是哈采格岛（Hateg），现在是罗马尼亚中部的特兰西瓦尼亚。没有人知道哈采格到底有多大，只知道大概7500~200000平方千米。但有一点是人们确定的，这里曾经生存过一群奇特的恐龙。

乍一看，哈采格岛只不过是个毫无特色的小岛。1912年，匈牙利贵族及探险家巴朗·弗朗茨·诺普卡（Baron Franz Nopcsa）发表文章说，白垩纪晚期，哈采格岛上的乌龟、鳄鱼以及其他小动物的体型大小都很正常，但岛上的恐龙和其生活在大陆的同类相比，体型却非常小。

巨人中的侏儒

马尔扎龙（*Magyarosaurus*）就是一个很好的例子。1895年，诺普卡的姐姐在祖宅附近发现了特兰西瓦尼亚的第一件恐龙化石。诺普卡研究了这些骨头，将一些命名为新的物种，这其中就包括马尔扎龙。解剖得出的结论是这些恐龙和人们通常熟知的大型兽脚类恐龙很相似，但诺普卡认为它们的体型很小，只有马匹那么大。诚然，马已经算是比较大的动物了，可是与大型兽脚类恐龙相比，它们的身型简直是微不足道。马尔扎龙重约1.1吨，只是其近亲——身长15米的葡萄园龙（*Ampelosaurus*）的1/8，是南美巨型表亲阿根廷龙（*Argentionsaurus*）的1/17。

阿根廷龙

一直以来，古生物学家们都认为诺普卡的判断是错误的：他姐姐发现的骨头只不过是幼年兽脚类恐龙罢了。然而，2010年的一项研究表明，诺普卡是对的。布里斯托大学的麦克·本顿（Mike Benton）教授和另外来自罗马尼亚、德国和美国的6名古生物学家对马尔扎龙的骨头进行切片研究来分析其微观结构。他们发现这些侏儒恐龙并非幼龙，而是成年恐龙。

小岛效应

是什么使得生活在哈采格岛的恐龙身型如此娇小？

科学家们认为，马尔扎龙的生存环境决定了它的大小。被孤立在小岛上的恐龙由于海平面上升会一代一代地变小。科学家们还发现，在塞浦路斯岛、马耳他以及地中海的西西里岛上，还生存过侏儒象和侏儒河马。由于岛上资源有限，如果动物不一代代缩小自己的体型，岛上将很快没有足够的食物，它们也不得不自相残杀，最终面临灭绝的境地。体型越小，胃口越小。

恐龙求生

哈采格岛上的恐龙完美地诠释了恐龙惊人的适应环境能力。正因如此，该地区才出现了一些地球上长相最奇异的恐龙。

事实上，结果总是出人意料。在哈采格岛上，并不是所有动物都缩小了。有些动物体型巨大，比如说，这里生活着有史以来最大的有脊椎飞行动物——

▶ **哈特兹哥翼龙（*Hatzegopteryx*）**。

欧洲

哈特兹哥翼龙

（*Hatzegopteryx thambema*）

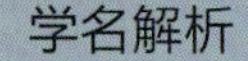

学名解析
哈采格岛的飞行怪物

食性
肉食性

栖息地
特兰西瓦尼亚，哈采格岛上空

生活时期
晚白垩世，距今7000万~6500万年

生物分类
翼龙目，翼手龙亚目，神龙翼龙科

体重
2.6~2.9吨

长度
10~12米

身体

因为哈特兹哥翼龙的活动范围不仅限于岛上，所以它并没有受到小岛效应的影响。由于岛上没有大型捕食者，哈特兹哥翼龙能长得非常巨大。在陆地上行走时，哈特兹哥翼龙大概有长颈鹿那么高。长颈鹿通常重1吨，哈特兹哥翼龙却只有250千克重。

发音

HAT-zeh-GOP-the-rix tham-be-ma

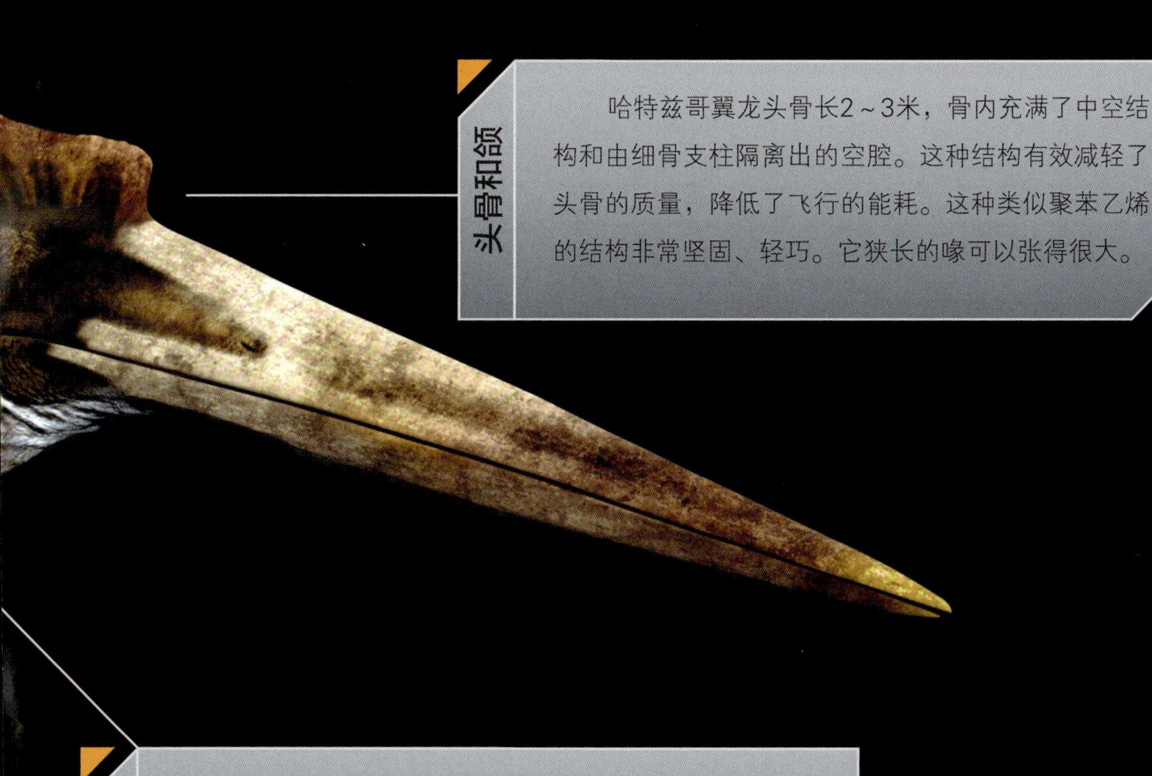

头骨和颌

哈特兹哥翼龙头骨长2～3米，骨内充满了中空结构和由细骨支柱隔离出的空腔。这种结构有效减轻了头骨的质量，降低了飞行的能耗。这种类似聚苯乙烯的结构非常坚固、轻巧。它狭长的喙可以张得很大。

颈部

跟所有神龙翼龙科中的翼龙一样，哈特兹哥翼龙的颈骨很长，呈圆柱形，这使得它们的颈部细长、僵硬。

骨架

目前只发现了哈特兹哥翼龙的部分骨架，所以我们不知道它的完整骨架是什么样子。迄今为止，科学家们挖掘出了部分头骨、左肱骨、大腿骨和一些无法辨识的骨头碎片。也许，哈特兹哥翼龙化石之所以如此稀少，是因为它们过于轻巧的骨头结构更容易被腐蚀。其他的解释是，哈特兹哥翼龙本身十分稀少，或者它们的死亡地点难以保存化石。

发现

早在1899年，弗朗茨·诺普卡就报告称发现了翼龙残骸。20世纪70年代末，在特兰西瓦尼亚，科学家们在一次试验性发掘中发现了哈特兹哥翼龙头骨，但人们错误地将它归类为兽脚类恐龙。直到2002年，法国国家科学研究中心的埃里克·巴菲陶特博士（Dr. Eric Buffetaut）带领的小组才提出纠正意见，将其归为大型翼龙。哈特兹哥翼龙的英文名字中包含“thambema”一词，在希腊语中是“怪物”的意思。

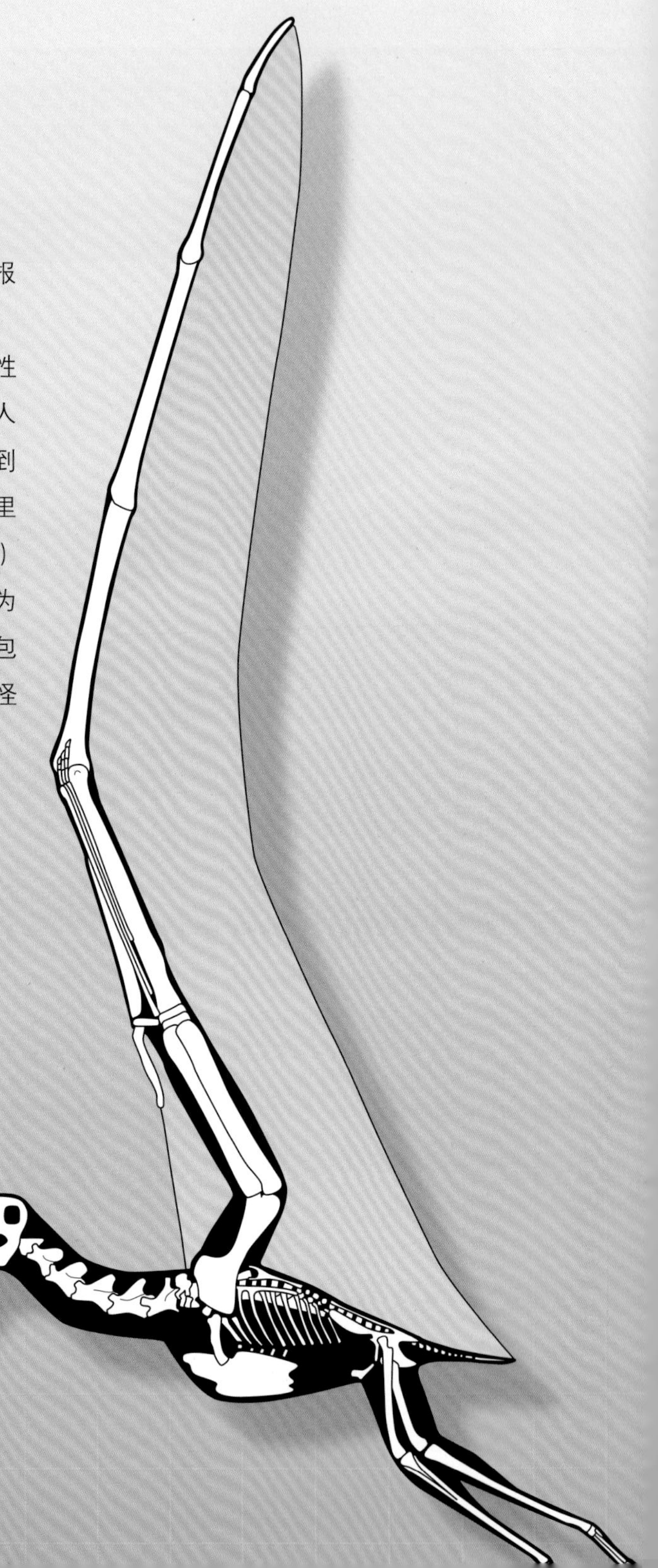

空中捕食？

多年来，一些科学们家认为，翼龙，即使是哈特兹哥翼龙这样大的翼龙，也是在空中捕食的。它们在空中向下俯冲，从水中抓起猎物。然而，最近有人提出两大论点来反驳这一看法。

1. 翼龙的头骨没有可以减缓冲击力的肌肉，也缺乏固定双颌的关节。如果体型这样大的生物把嘴巴插进水面，它们将很难维持在空中的平衡。

翼龙足迹

2. 以前，人们曾认为翼龙在地面上行动会非常笨拙。但是，近几年在世界各地都发现了大量翼龙的足迹，这足以证明翼龙在地面上也能灵活移动。（行走的时候，它们收起翅膀，凭借长有三根脚趾的苗条、扁平的腿行走。）2004年，在韩国的河东郡一处废弃的采石场人们发现了尤汉里全罗南道足迹（Haenamichnus uhangriensis）。经确认，这是神龙翼龙科恐龙留下的。这只神龙翼龙非常大，肩膀到脚约有3米高，翼展超过10米。这些足迹表明，它们完全有能力在陆地行走，甚至还能奔跑。

也就是说，翼龙在空中和陆地上都很灵活。这些怪兽是在陆地上捕食的。

翼龙脚印

采拾晚餐

1

哈特兹哥翼龙在哈采格岛上高空盘旋，在地面上投下巨大的影子。

2

它越过荒野，在一群马尔扎龙头顶上空盘旋。它走在空旷的土地上，盯上了一只马尔扎龙的幼仔……

3

……用嘴巴把这只无助的恐龙从地面上叼起……

4

……然后整个吞下去。

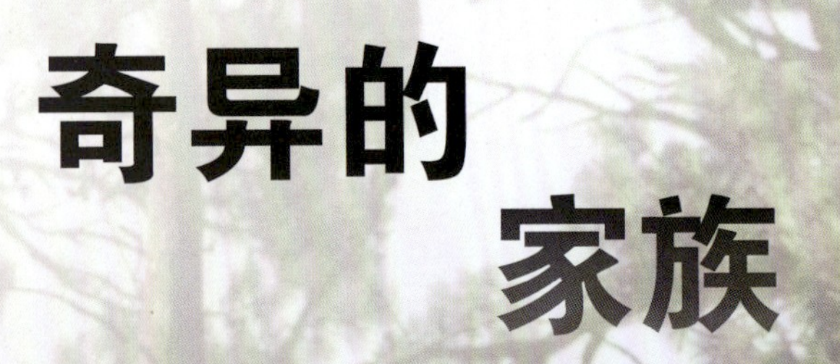

奇异的家族

恐龙一直在不断地进化。但是数十年来，有一种恐龙对我们来说一直是个谜——镰刀龙科（*Therizinosaurs*）恐龙。这种恐龙因其长有镰刀状的爪子而得名。镰刀龙科恐龙一直是个谜：它们是兽脚类恐龙，和霸王龙及伶盗龙是近亲，但通过解剖人们发现，它们是植食性动物，而非肉食性动物。

2009年，人们在美国犹他州南部发现了一具近乎完整的镰刀龙头骨，从而对这种奇怪的恐龙有了更多的了解。

这只奇怪的恐龙叫作——

▶ **懒爪龙（*Nothronychus*）**。

北美

懒爪龙

（*Nothronychus graffami*）

学名解析
格拉芬姆的慵懒的爪子

食性
植食性

栖息地
美国犹他州

生活时期
中白垩世，距今9250万年

生物分类
蜥臀目，兽脚亚目，虚骨龙次亚目，镰刀龙科

体重
1.3吨

长度
5米

头和颈部

镰刀龙的颈部细长，头也很小，下巴顶端有角质的喙，里面遍布叶状、有锯齿的小牙。

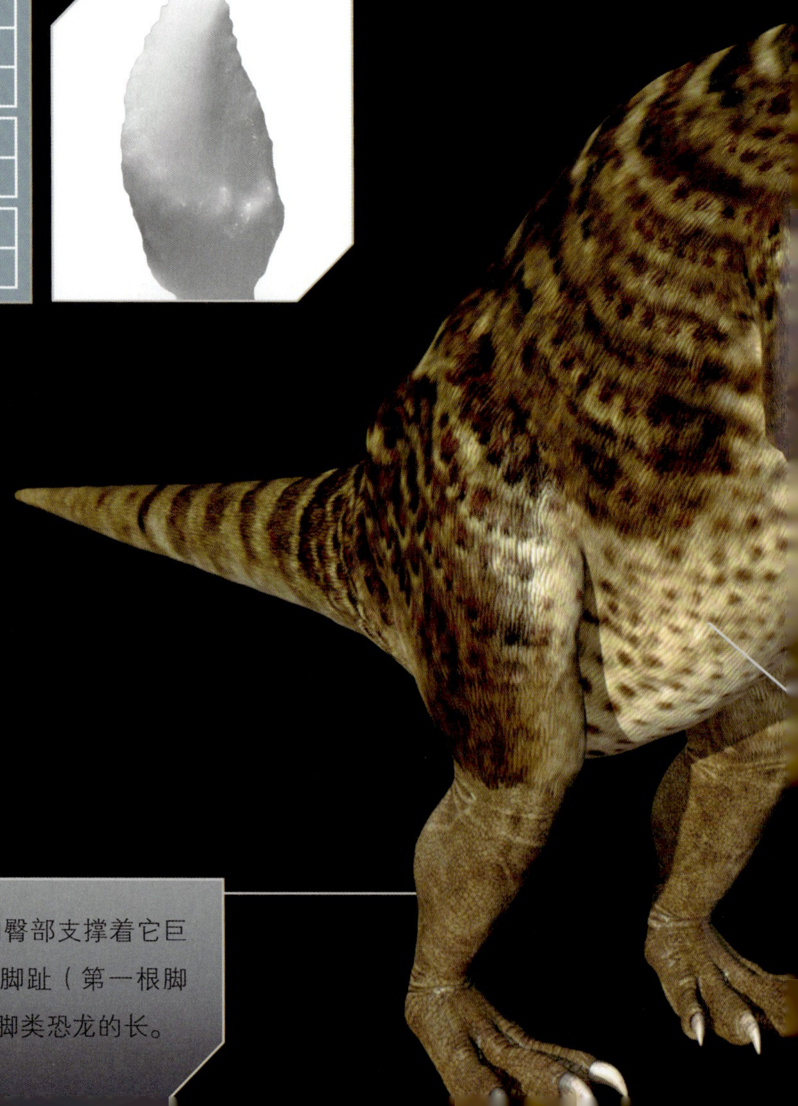

四肢

懒爪龙的腿粗短，宽阔的臀部支撑着它巨大的腹部。它的脚上长有4根脚趾（第一根脚趾蜷缩在脚掌内），比一般兽脚类恐龙的长。

发音

no-thrown-EYE-kus GRA-fam-eye

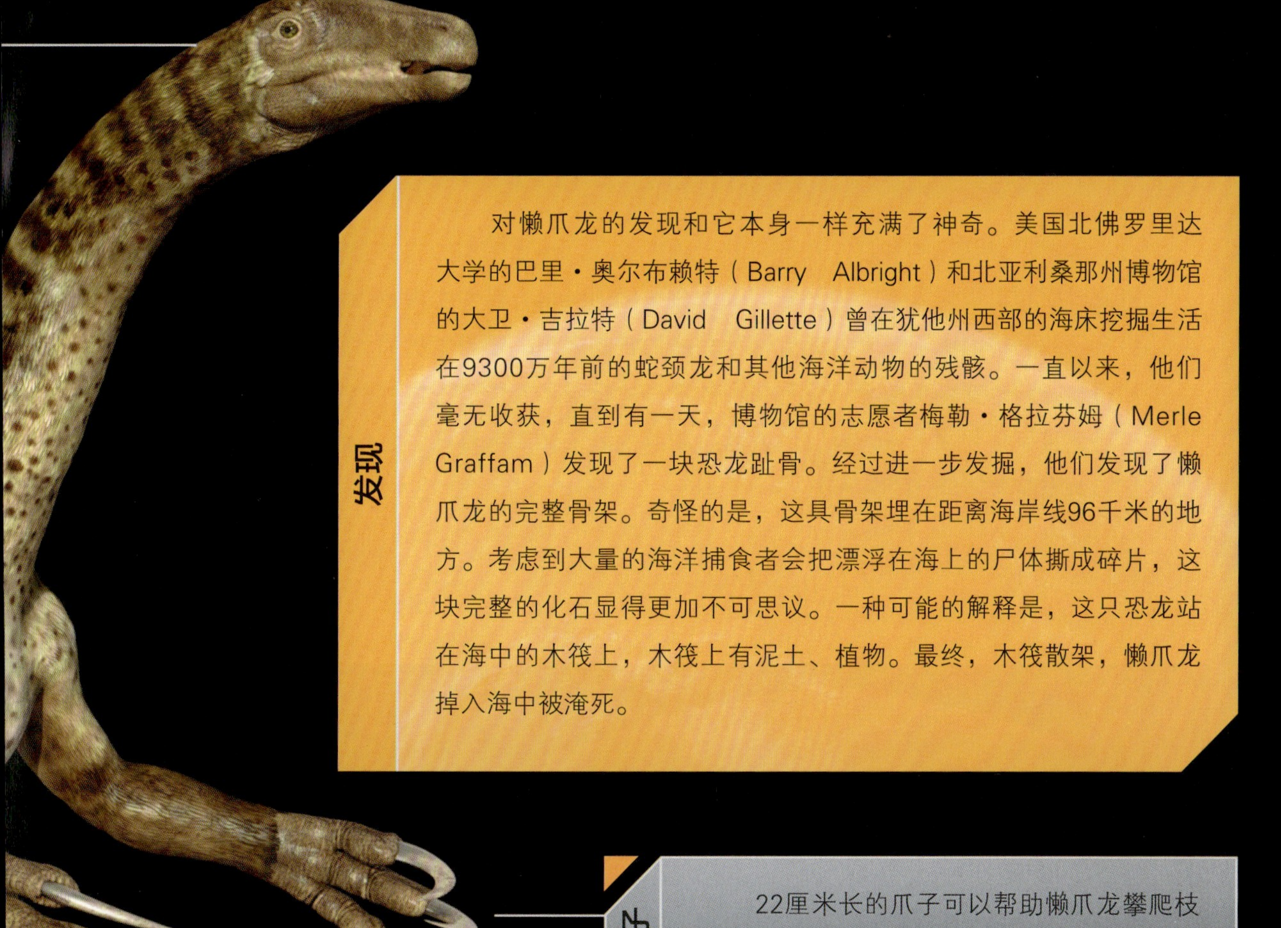

发现

对懒爪龙的发现和它本身一样充满了神奇。美国北佛罗里达大学的巴里·奥尔布赖特（Barry Albright）和北亚利桑那州博物馆的大卫·吉拉特（David Gillette）曾在犹他州西部的海床挖掘生活在9300万年前的蛇颈龙和其他海洋动物的残骸。一直以来，他们毫无收获，直到有一天，博物馆的志愿者梅勒·格拉芬姆（Merle Graffam）发现了一块恐龙趾骨。经过进一步发掘，他们发现了懒爪龙的完整骨架。奇怪的是，这具骨架埋在距离海岸线96千米的地方。考虑到大量的海洋捕食者会把漂浮在海上的尸体撕成碎片，这块完整的化石显得更加不可思议。一种可能的解释是，这只恐龙站在海中的木筏上，木筏上有泥土、植物。最终，木筏散架，懒爪龙掉入海中被淹死。

爪子

22厘米长的爪子可以帮助懒爪龙攀爬枝头，也可以起防御作用。

身体

懒爪龙巨大的桶状的肚子里面容纳了巨大的肠道，能够有效地消化植物和树叶。

变身素食者

兽脚类恐龙怎么会进化成素食者呢?

看来，这还是为了适应环境所做出的改变。镰刀龙科属于手盗龙类，手盗龙包括鸟类、伶盗龙以及窃蛋龙下目和擅攀鸟龙科。早期的手盗龙是杂食动物，不仅食肉，也吃草。

像懒爪龙这样的镰刀龙在进化的过程中放弃了追捕猎物的生活方式，开始专注于采食白垩纪时期新出现的大量植物。它们就像白垩纪的熊猫，在大型肉食性恐龙横行的大陆上开辟出自己的天地。由于越来越适应这种多样的食物来源，镰刀龙的胃和消化系统更适合消化各种植物，腿也变得更粗壮。只有锋利的爪子才记录了它们过去血腥的历史，当然，现在它们被用于采摘植物或者作为自卫的武器。肥胖的肚子和短腿降低了它们的行走速度，它们只能从别的方面增强自己的实力了。

镰刀龙的爪子

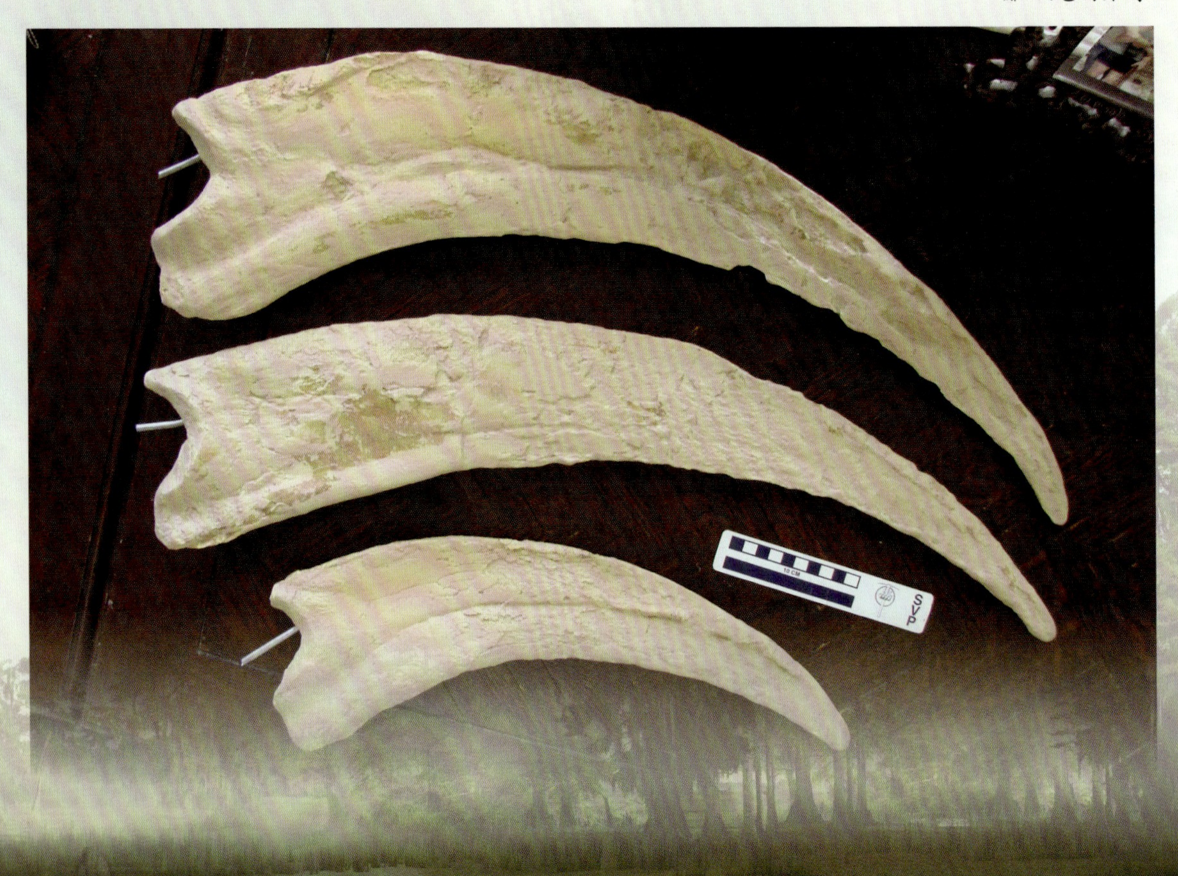

在漫长的岁月里，懒爪龙一直没有停止进化的步伐。最终，它足以摘取树顶的枝叶，结实的后腿和腹部很好地与颈部相平衡，使它能够把头伸到树顶寻找食物。

懒爪龙

恶爪相向

1

优异的身体结构使得懒爪龙可以单凭后肢站立，够到更高的植物。眼下，这只懒爪龙就在树顶觅食。

这时，一只饥饿的霸王龙走近了。这只镰刀龙处于巨大的危险中。

2

看到霸王龙到来，懒爪龙并未慌张。它站立起来，举起镰刀状的爪子。

3 霸王龙发起了进攻，但懒爪龙已经蓄势待发。它用力一挥，将22厘米长的爪子重重地甩在霸王龙的脸上。身受重伤的霸王龙惊慌失措，灰溜溜地逃跑了。

同类相残之王

为了生存，镰刀龙改变了自己的食性。而作为历史上最不挑剔的肉食性动物，霸王龙一族也十分繁荣昌盛。如果霸王龙发现了死尸，它们会欣然接受这份大礼。不劳而获总是值得开心的事儿。

但是，恐龙之王是否也有同类相残的劣迹呢？2010年，耶鲁大学的尼克·朗里奇博士（Dr. Nick Longrich）在研究霸王龙骨头的时候意外地发现了巨大的创面，很显然，这是一种大型肉食性动物留下的。只有一种动物能造成如此规模的创伤，那就是霸王龙自己。这清楚地表明，霸王龙之间发生过同类相残的事件。

至于是否是两只霸王龙搏斗致死，我们无从得知。也许饥饿的捕食者正好看到一只死去的霸王龙，于是欣然就餐。无论事实怎样，血淋淋的证据摆在我们面前——霸王龙不会拒绝同类的血肉。

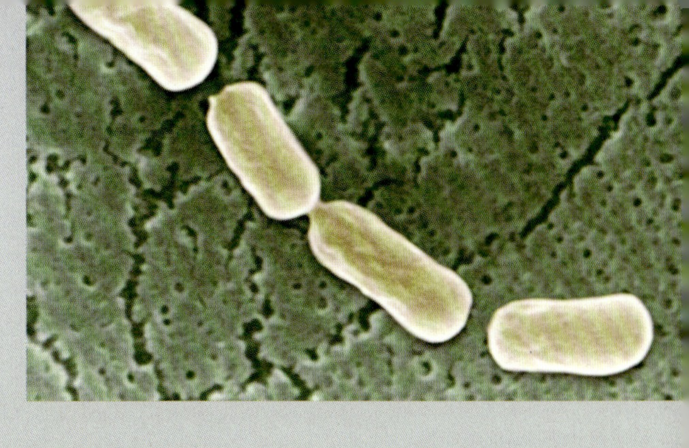
肉毒杆菌

隐形刺客

然而，科学家们在加拿大蒙大拿州巴吉尔溪旁边的骨床发现的证据显示，不加挑剔的饮食方式可能会带来致命的后果。食用腐肉这一行为背后可能隐藏巨大的风险。当然，如果发现了一具刚断气的尸体，霸王龙并不会思考这块从天而降的馅饼后面会隐藏着什么。它也许会感谢上苍。但是，如果是一种隐形杀手，情况会怎样呢？

在这块遗址——被叫作“杰克的生日”的遗址——挖掘出了超过1600件可识别的脊椎化石。这其中包括海龟化石、鳄鱼化石和鱼类化石，但大多数化石还是属于恐龙的，尤其是肉食性伤齿龙和霸王龙。7400万年前，这片骨床大概是一片滞水，附近暗藏着死亡陷阱，诱惑着捕食者前来享用被陷住的猎物。

在现代社会环境中，一次致命的病毒感染会导致成千上万的鸟类死去。它们都死于肉毒中毒。肉毒杆菌会在尸体内滋长，然后扩散到蛆身上。鸟类食用这些体内充满蛆的尸体，受到病毒感染。死亡之圈从此周而复始。

有毒的盛宴

这很可能是造成白垩纪“杰克的生日”遗址中恐龙大规模死亡的罪魁祸首。病毒在被淹死的恐龙身上滋长，然后转移到食用了这些腐肉的霸王龙身上，随后造成致命的感染。就这样，尸体一步步在这里堆积起来，吸引更多的肉食性恐龙。像懒爪龙这样的植食性恐龙就安全得多。除非它们饮用了河中有病毒的水，否则，这些恐龙不会被病毒感染。

食物链顶端

在恐龙家族中，兽脚类恐龙——长有两肢、类鸟的恐龙和鸟类的种类是最多的。我们所熟悉的大型肉食性恐龙无一例外都属于这一族。除此之外，还有长相怪异的镰刀龙、小型树居的驰龙以及类鸟的窃蛋龙。经过千万年的进化，兽脚类恐龙的长相、大小都千差万别。

白垩纪的后期，霸王龙从之前的鲨齿龙、棘龙等其他大型肉食性恐龙手中夺取了世界统治者的宝座。看起来，霸王龙非常幸运，只用了很短的时间就进化成凶残的巨兽。格里格·埃里克森（Greg Erickson）最近的研究结果使人们对霸王龙的认识有了质的飞跃。像惧龙、蛇发女怪龙、阿尔伯塔龙和霸王龙这样的巨龙都过着快节奏的生活。

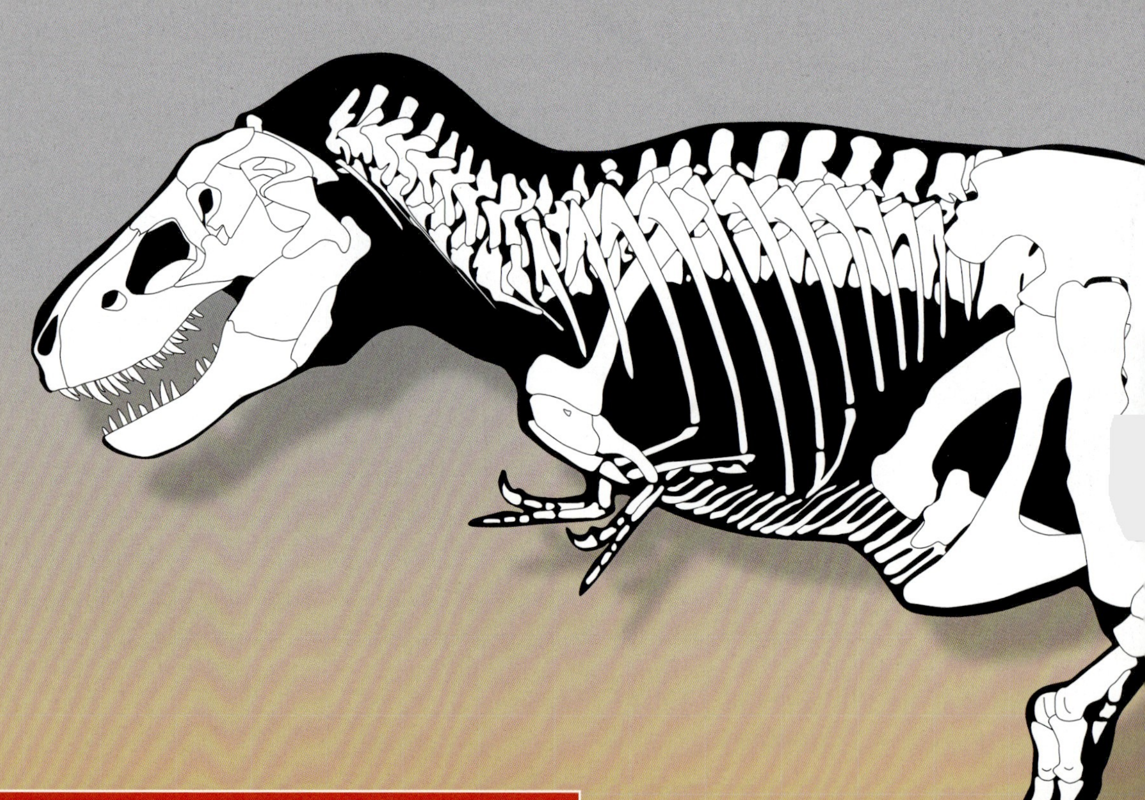

霸王龙

残暴的一生

0~2岁

这段时间是霸王龙最脆弱的岁月，体型只有成年后5%~10%的大小。但是，2岁之后，霸王龙就不再惧怕大多数肉食性动物了。

2~15岁

霸王龙成长为青年。15岁时，它们达到性成熟，体型是成年恐龙的80%。虽然还是青年，它们已经能够打败大多数中型捕食动物。这个年龄段的霸王龙比成年霸王龙更灵活敏捷。

16~30岁

经过疯狂的生长期（每天增重2千克），霸王龙成年了。从此以后，它们停止生长，大多数的能量将被用来交配。但是，由于行动速度下降，它们需要用暴力来弥补这一损失。在这段时期，它们已经是无可争议的王者，能够打败同时代所有的捕食者。

孵蛋的父母

除了霸王龙，白垩纪晚期的大型兽脚类恐龙已经不多了，但小型兽脚类恐龙和大型植草性或杂食性兽脚类恐龙却仍旧在繁衍生息。其中最成功的当属窃蛋龙。大多数窃龙蛋生活在现在的蒙古地区。作为杂食动物——既吃植物又吃动物，它们不和霸王龙争抢食物。有些恐龙，比如巨盗龙，成功地生存下来，体型大得惊人。

我们不太了解带羽恐龙的生理特征和生活习性，但我们能确定的是：它们会筑巢。

“大妈妈”

20世纪90年代中期，美国国家自然历史博物馆和蒙古科学院的古生物学家们在蒙古西南部乌哈托喀地区进行联合考古行动，发掘出大量窃蛋龙骨架，并将其中的一具骨架取名为“大妈妈”。这是一只长3米的恐龙，后经证实属于葬火龙（*Citipati osmolskae*）。科考人员发现它时，它坐在圆形巢穴中，里面摆放着22个恐龙蛋。葬火龙的双腿收拢，双翅张开，似乎是为了保护身下的蛋。这种姿势跟现代鸟类如出一辙。它当时正在孵蛋。

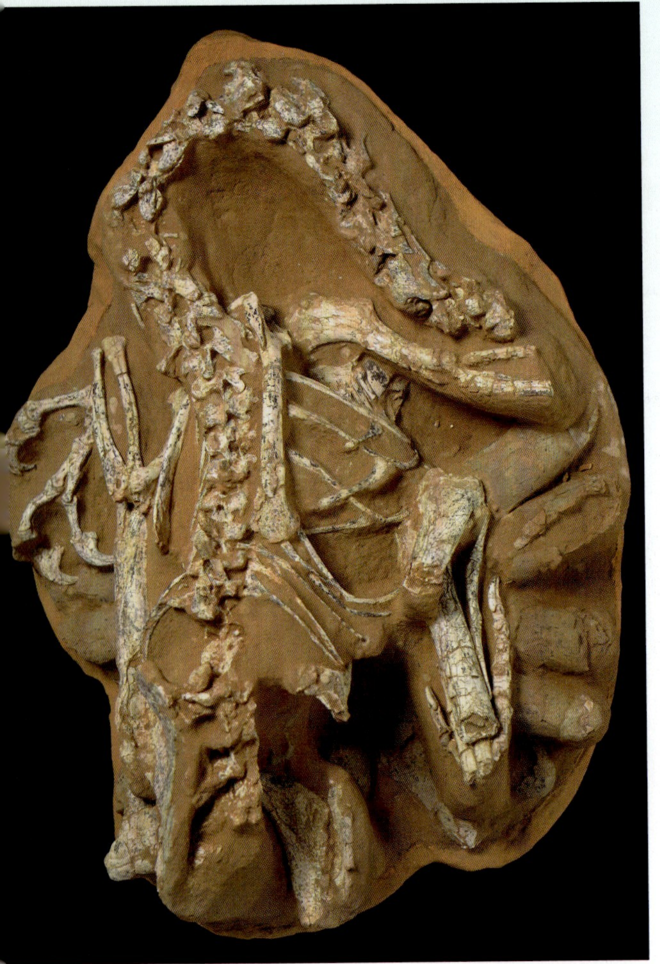

“大妈妈”

巨盗龙胚胎化石

为什么要孵蛋？

父母对蛋的保护无疑大大增加了幼龙的生存概率。巨盗龙这样的动物生下的蛋十分大，长达45厘米。蛋越大，孵化出来的恐龙就越成熟，逃脱捕食者生还的概率也就越大。

问题是，大号的蛋所需的孵化时间更久。孵化巨盗龙大概需要80天。在这段时间里，父母必须寸步不离地保护它们的后代。

这能否解释为什么恐龙蛋中缺少基质（组成蛋壳的骨质组织）呢？迄今为止，人们发现的所有孵蛋的恐龙都是雄性的。也就是说，“大妈妈”其实是“大爸爸”……

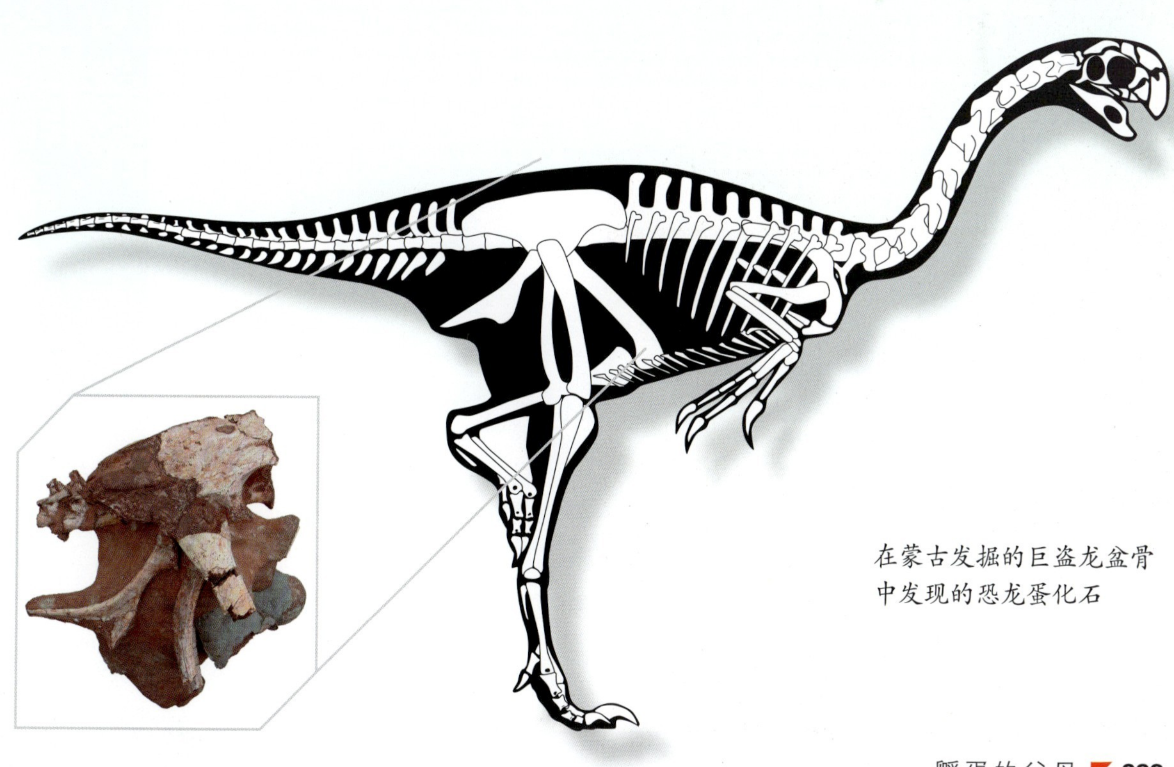

在蒙古发掘的巨盗龙盆骨中发现的恐龙蛋化石

终极防御

1

一只正在孵蛋的巨盗龙保护着它的蛋，张开双翅避免蛋遭受风吹日晒。

2

突然，它察觉到了危险。两只独龙（*Alectrosaurus*）——一种统治当地的霸王龙——正在靠近。这只窃蛋龙趴在地面上，试图隐蔽自己。

3

它意识到躲藏不管用，于是从地面跳起来，挥舞着巨大的翅膀，想要吓跑入侵者。

4

其中一只独龙企图抓住巨盗龙，却遭到当头一踢。它们意识到这只巨盗龙并不打算放弃抵抗，就决定撤退，准备换个容易对付的目标。

活埋

有时候，对于孵蛋的父母来说，捕食者并非唯一的威胁。灾难可能从天而降。

在蒙古发现的“大妈妈”并非死于捕杀，而是死于气候变化。科学家们认为，这只巨盗龙死于一场倾盆大雨引发的洪灾。它撑开双翅想阻挡瓢泼大雨，但却与恐龙蛋一同被埋在了从附近山坡冲下来的泥石流中。

巨盗龙为了保护自己的后代而被活活埋葬。这是一场悲剧，却给人们提供了最好的证据。原来，筑巢产蛋并非鸟类独有，兽脚类恐龙也有这种生活习性。筑巢产蛋的优点很多，鸟类就继承了这一传统，沿用至今。

幸存者

近几年发现的恐龙化石揭示了恐龙强大的生存适应能力。它们忍受了大陆断裂、严寒酷暑、海平面上升和环境变迁，最终战胜所有灾难并一直繁衍生息下来。它们统治地球长达1.6亿年之久，可以称得上是迄今为止最成功的动物。它们进化成鸟类，继续生存在地球上，继续延续着这一伟大物种。

虽然恐龙拥有惊人的适应能力，但它们当中的大多数并没有生存下来……

灭顶之灾

6550万年前，一场毁灭性大灾难将所有陆地恐龙从地球上抹去，只留下鸟类。恐龙灭绝的原因一直是学界交锋的热点问题。火山喷发？藻类腐烂导致海水变毒？地球气候突变导致生物无法生存？

2010年，一个由41名国际专家组成的小组在经过20年的调查后得出最终结论，恐龙死于小行星撞击地球之后引发的一系列灾难。

我们难以想象如此巨大的撞击会产生怎样的杀伤力。

死亡小行星

死亡小行星，这颗直径14千米的小行星以高达19千米每秒的速度（子弹速度的20倍）前进，撞在了位于今天墨西哥尤卡坦半岛的奇克斯卢布。撞击释放的能量约为110万亿吨炸药爆炸释放的能量那么多，超过10亿枚原子弹。撞击形成了一个直径180千米的陨石坑，周围环绕着直径240千米的环形断层线。

撞击之后

撞击会立即摧毁尤卡坦半岛上的生命，且由它引发的持续效应也造成了惨重灾难。地球各大洲燃烧起了大面积火灾，超过里氏10级的地震将地球搅得天翻地覆，并引起超强海啸。最可怕的是，小行星撞击之后，地壳内的有毒物质被大量释放出来，导致地球陷入长达4个月的冬天。

永无止尽的冬天

弥漫在地表的灰尘遮住了日光。数周之内，绝大多数植物都会死亡。随后，大型植食性动物、蜥脚类恐龙、鸭嘴龙、角龙将失去食物来源，饥饿而死。这段时间内食腐动物过得相对舒服。但过不了多久，尸体就会被吃光，整个食物链就这样断裂。地球上的所有生物都未能幸免，大约75%的生物灭绝了。

恐龙巨大的体型葬送了它们的求生之路。体重超过25千克的动物都不会幸免于难。恐龙曾占据了地球的每个角落，到处适应环境、躲避危险、繁衍生息。可以想象，如果没有这次撞击，假以时日，地球上也许还会进化出更多、更奇怪的恐龙。这次毁灭性星外撞击难以预料、史无前例，彻底结束了称霸一时的恐龙星球。

但是，历史表明，生命并不会就此束手就擒。虽然陆地恐龙消失了，在阴影下苟且偷生的哺乳动物和飞行恐龙在数量、种类上都呈爆炸性增长，并很快重新占据了地球。

新的怪兽时代才刚刚开始……

本书中出现的恐龙

（括号内数字单位为距今……百万年）

古生代“古生物的时代”						三叠纪（248~205）		
寒武纪（543~490）	奥陶纪（490~443）	志留纪（443~417）	泥盆纪（417~354）	石炭纪（354~290）	二叠纪（290~248）	早三叠世	中三叠世	晚三叠世
出现脊椎动物及鱼类		出现陆地植物和陆地动物	出现鲨鱼和两栖动物	出现爬行动物和昆虫	出现大型爬行动物		恐龙和鱼龙首次出现	翼龙首次出现
							始盗龙（231）	

古生代初期，也就是距今5.43亿年，动物身体内开始形成贝壳等坚固的表面。这期间，植物和鱼类开始繁荣生长，并出现了爬行动物和昆虫。到了二叠纪末期，地球上已经遍布大型爬行动物。古生代末期出现了迄今为止最大的生物灭绝，由此揭开中生代大幕，也就是恐龙时代。此时，地球非常温暖，适宜的环境使得动物数量和种类急剧增长。

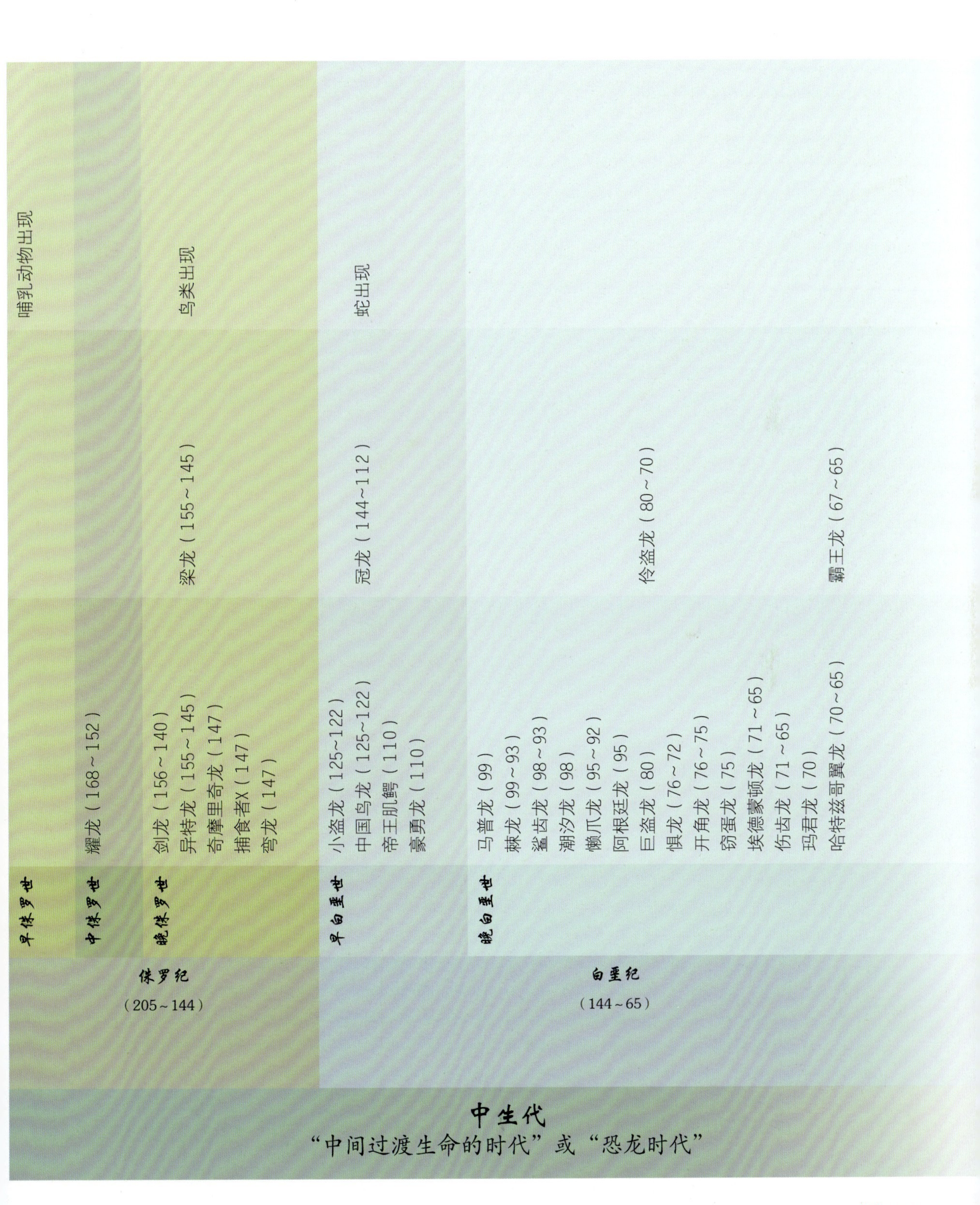

中生代结束前，现代鸟类雏形已经出现。中生代末期一场大灾难使恐龙灭绝，只剩下鸟类和其他的幸存者。在新生代，现代动物取代了恐龙。这是人类的时代。

第三纪 （65～1.8）	第四纪 （1.8～0.01）
现代哺乳动物出现 出现原始人化石	穴居人和克鲁马努人出现

新生代

“新生命的时代”

恐龙在现代世界的分布

伤齿龙
埃德蒙顿龙
开角龙
惧龙
剑龙
懒爪龙
异特龙
弯龙
马普龙
阿根廷龙
哈特兹哥翼龙
捕食者X
奇摩里奇龙
梁龙
帝王鳄
潮汐龙
鲨齿龙
豪勇龙
玛君龙
耀龙
窃蛋龙
巨盗龙
小盗龙
中国鸟龙

特别鸣谢

感谢本书（英文版）编辑，恐龙女王卡洛琳·麦克阿瑟（Caroline McArthur）以及姆那·雷耶（Muna Reyal）。

给萨里·帕尔马（Sally Palmer）和皮特·塔沃斯（Peter Travers）（我的非官方与科学顾问）、乔治·曼恩（George Mann）和马克·怀特（Mark Wright）（为了感谢他们的友谊和非凡的支持）来一个棘龙怒吼般的热烈赞扬！

最后，同以往一样，感谢我生命中出现的3位热爱恐龙的女士：卡莱尔（Clare），查尔（Chloe）以及康尼（Connie）。小心调皮的恐龙啊，姑娘们！

BBC出版公司感谢BBC的员工安德鲁·科根（Andrew Cohen）、贝斯·安布罗斯（Beth Ambrose）和卡瑟琳·莱尔（Catherine Wyler）；感谢水母图片社（Jellyfish Pictures）的马克·希尔伍德（Mark Sherwood）、菲尔·德布里（Phil Dobree）及其团队；感谢卡夫·斯科特（Cav Scott）；感谢阿伦·布莱卡（Aaron Blecha）；感谢达伦·纳什（Darren Naish）和史蒂夫·特赖布（Steve Tribe）。

所有数码图像由Jellyfish Pictures Ltd为BBC制作，地形景观图由Chris Rosewarne (Jellyfish Pictures Ltd.)制作。

所有恐龙模型 © Jellyfish Pictures Ltd. 13 t & b © Natural History Museum; 23 © Kristian Remes et al.; 33 的原始材料 © Paul Sereno; 34~35 的原始材料 © Karen Carr; 35 r © www.projectexploration.org; 58 © Louie Psihoyos; 54 r © Nizar Ibrahim, University College Dublin; 59 的原始材料 © Royal Tyrrell, Museum, Drumheller, Canada; 60~61 © Paul Sereno; 61 m Nizar Ibrahim, University College Dublin; 70~71 © Russell Hawley; 91 © Lukas Panzarin; 95 © Corbin17/Alamy; 99 © Cyril Ruoso/JH Editorial; 104~105 的原始材料 © Patrick O'Connor; 114 © The Natural History Museum, London; 126~127 t & b 的原始材料 由 Adam Smith Plesiosauria.com 提供; 129 l © Louie Psihoyos; 129r © Jörn Geister; 130 © Gabbro/Alamy; 138 © James E. Martin, South Dakota School of Mines and Technology; 144~145 © Louie Psihoyos; 145 b © Louie Psihoyos; 148 © Louie Psihoyos; 155 t & b 的原始材料由Jon Stone提供; 164 © Vova Pomortzeff/Alamy; 168 Fucheng Zhang; 176 © AFP/Getty Images; 188 © Corbin17/Alamy; 189 © David A. Burnham; 194 University of Bristol; 196 © Mick Ellison; 197 © National Geographic Image Collection/Alamy; 207 t & b © Koo Guen Hwang; 212 © Jim Kirkland; 214 © Lindsay Zanno; 215 © Lindsay Zanno; 219 t © BSIP SA/Alamy; 220~221的原始材料 © Greg Paul; 222 © Mick Ellison; 223 t ©Ken Carpenter; 223 b © AP/Press Association.

（注：t=顶图；b=底图；l=左图；r=右图。©之前的数字表示本书中的页码）

图书在版编目（CIP）数据

恐龙星球：揭秘史前巨型杀手 /（英）斯科特（Scott,C.）著；石纬穹译. -- 2版（修订本）. -- 北京：人民邮电出版社，2016.5（2023.2重印）
ISBN 978-7-115-41981-1

Ⅰ. ①恐… Ⅱ. ①斯… ②石… Ⅲ. ①恐龙－普及读物 Ⅳ. ①Q915.864-49

中国版本图书馆CIP数据核字(2016)第052353号

◆ 著　[英] 卡万•斯科特（Cavan Scott）
译　石纬穹
责任编辑　韦　毅
责任印制　彭志环

◆ 人民邮电出版社出版发行　北京市丰台区成寿寺路 11 号
邮编　100164　电子邮件　315@ptpress.com.cn
网址　http://www.ptpress.com.cn
北京宝隆世纪印刷有限公司印刷

◆ 开本：787×1092　1/16
印张：14.75　2016 年 5 月第 2 版
字数：373 千字　2023 年 2 月北京第 9 次印刷
著作权合同登记号　图字：01-2012-5768 号

定价：99.90 元

读者服务热线：(010)81055410　印装质量热线：(010)81055316

反盗版热线：(010)81055315

广告经营许可证：京东市监广登字 20170147 号